TRAITÉ

DE

MÉCANIQUE RATIONNELLE

TOME CINQUIÈME

ÉLÉMENTS DE CALCUL TENSORIEL

APPLICATIONS GÉOMÉTRIQUES ET MÉCANIQUES

PARIS. — IMPRIMERIE GAUTHIER-VILLARS ET Cⁱᵉ.

75322   Quai des Grands-Augustins, 55.

COURS DE MÉCANIQUE DE LA FACULTÉ DES SCIENCES

TRAITÉ

DE

MÉCANIQUE RATIONNELLE

PAR

Paul APPELL

MEMBRE DE L'INSTITUT
RECTEUR-HONORAIRE DE L'UNIVERSITÉ DE PARIS

TOME CINQUIÈME

ÉLÉMENTS DE CALCUL TENSORIEL

APPLICATIONS GÉOMÉTRIQUES ET MÉCANIQUES

AVEC LA COLLABORATION DE

René THIRY

Professeur à l'Université de Strasbourg

PARIS

GAUTHIER-VILLARS ET Cⁱᵉ, ÉDITEURS

LIBRAIRES DU BUREAU DES LONGITUDES, DE L'ÉCOLE POLYTECHNIQUE

55, Quai des Grands-Augustins, 55

1926

PRÉFACE.

Le présent Ouvrage est destiné à former la première partie
d'une étude de la Mécanique de la Relativité; il condense,
sans toutefois pénétrer encore dans le domaine relativiste, les
notions mathématiques qui sont à la base de toute étude
sérieuse de cette théorie. Ces notions ont du reste un champ
d'applications beaucoup plus vaste et quand bien même, ce
que nous ne pensons pas, la théorie de la Relativité perdrait
toute importance physique, il lui resterait néanmoins le mérite
d'avoir créé un important courant d'idées et d'avoir contribué
à une sorte de renaissance de la Géométrie à laquelle elle a
ouvert toute une voie nouvelle.

L'instrument mathématique qui forme la base de l'Ouvrage
est le *Calcul Tensoriel*; c'est au fond une étude systématique
des formes et des transformations linéaires. On peut évidemment initier au Calcul Tensoriel en partant tout d'abord
d'exemples soigneusement choisis et convenablement géné-
ralisés. Nous avons cependant préféré nous placer au début
à un point de vue purement algébrique et dégager la notion
de tenseur de toute considération géométrique ou mécanique.
Lorsque le lecteur se sera assimilé les règles qui régissent ces
éléments (règles qui sont au fond d'une extrême simplicité),
il n'en comprendra que mieux l'étendue du champ des applications. Nous avons du reste multiplié ces dernières en les
tirant du domaine géométrique et aussi de celui de la
Mécanique classique qu'elles éclairent souvent d'un jour
nouveau.

Nous nous sommes efforcés de mettre en évidence, de la

façon la plus nette possible, toutes les idées qui nous ont paru importantes; c'est ainsi que nous n'avons pas hésité, à propos de la géométrie de Weyl, à effleurer d'un mot, bien insuffisant certainement, les travaux de M. Cartan. Mais l'Ouvrage, tel que nous l'avons compris, n'a cependant aucun caractère encyclopédique et nous serions heureux s'il pouvait simplement rendre quelques services aux étudiants désireux de s'initier à cette branche de la Science.

A part quelques additions et quelques modifications, les matières traitées ici ont fait l'objet d'un cours professé par M. Thiry à l'université de Strasbourg en 1922, à l'exception du premier et du dernier Chapitre. Ceux-ci, qui encadrent en quelque sorte le reste, sont inspirés d'une rédaction d'un cours de M. Émile Borel, faite par l'un de ses auditeurs M. H. Mineur.

Je veux, en terminant, remercier M. Thiry dont la collaboration m'a été très précieuse pour l'établissement de ce volume.

Boulogne-sur-Seine, 1er décembre 1925.

PAUL APPELL.

ÉLÉMENTS

DE

CALCUL TENSORIEL

APPLICATIONS GÉOMÉTRIQUES ET MÉCANIQUES

CHAPITRE I.

RAPPEL DES PROPRIÉTÉS FONDAMENTALES DES FORMES LINÉAIRES ET QUADRATIQUES.

Avant d'aborder les développements mathématiques qui sont l'objet de cette première partie de l'Ouvrage, nous avons pensé qu'il n'était peut-être pas inutile de rappeler sommairement les théorèmes fondamentaux concernant les formes linéaires et les formes quadratiques. Cette étude sera une excellente introduction aux méthodes du calcul tensoriel dont nous adopterons du reste les notations spéciales. Néanmoins, elle pourra être laissée de côté, sans aucun inconvénient, par les lecteurs auxquels les théories qu'elle expose paraîtraient trop familières et nous ne donnerons pas le détail de quelques démonstrations d'un caractère trop élémentaire. C'est pour ces raisons que nous avons tenu à différentier ce premier Chapitre par un caractère typographique spécial.

I. — FORMES LINÉAIRES ET SUBSTITUTIONS LINÉAIRES.

1. Rappel de quelques propriétés des déterminants. — Considérons un tableau rectangulaire T, formé avec des nombres disposés suivant n colonnes et p lignes

$$\left\| \begin{array}{cccc} a_{11} & a_{12} & \ldots & a_{1n} \\ \ldots & \ldots & \ldots & \ldots \\ a_{p1} & a_{p2} & \ldots & a_{pn} \end{array} \right\|,$$

tableau que nous représenterons par la notation simplifiée

$$\| a_{ik} \|, \qquad i = 1, 2, \ldots, p, \qquad k = 1, 2, \ldots, n.$$

En supprimant dans ce tableau un certain nombre de lignes et de colonnes, on peut en déduire une série de déterminants dont l'ordre est au plus égal au plus petit des deux nombres n et p.

Parmi tous les déterminants qu'il est ainsi possible de former, on considère ceux qui ne sont pas nuls et parmi ceux-là ceux dont l'ordre est le plus grand. Cet ordre maximum s'appellera le *rang* du tableau rectangulaire et l'un quelconque des déterminants non nuls de cet ordre sera dit *déterminant principal*.

Pour qu'un déterminant δ, d'ordre r, tiré du tableau soit déterminant principal, il faut *d'abord qu'il ne soit pas nul*, et ensuite que tous les déterminants du tableau d'ordre supérieur à r le soient. Il suffit évidemment de faire cette vérification pour les déterminants d'ordre $r+1$ et même, comme nous allons le montrer, seulement pour certains d'entre eux.

Supposons en effet (ce que l'on peut toujours faire en modifiant au besoin l'ordre des lignes et des colonnes) que le déterminant δ soit formé des éléments communs aux r premières lignes et aux r premières colonnes du tableau T. Nous allons montrer qu'il suffit de vérifier, pour que δ soit principal, la nullité des $(n-r)(p-r)$ déterminants bordés

$$(1) \quad \begin{vmatrix} & & & a_{1k} \\ & \delta & & a_{2k} \\ & & & \vdots \\ a_{h1} & a_{h2} & \dots & a_{hk} \end{vmatrix} = 0 \qquad \begin{array}{l} (r < k \leqq n), \\ (r < h \leqq p). \end{array}$$

En effet, si ces déterminants sont nuls, on peut évidemment résoudre le système d'équations linéaires

$$a_{11}x^1 + a_{12}x^2 + \dots + a_{1n}x^n = 0,$$
$$\dots\dots\dots\dots\dots\dots\dots\dots\dots,$$
$$\dots\dots\dots\dots\dots\dots\dots\dots\dots,$$
$$a_{p1}x^1 + a_{p2}x^2 + \dots + a_{pn}x^n = 0$$

en donnant aux inconnues x^{r+1}, x^{r+2}, ..., x^n des valeurs arbitraires et en tirant des r premières équations les valeurs des inconnues x^1, x^2, ..., x^r.

La condition de compatibilité de l'équation non principale de rang h s'écrit en effet

$$\begin{vmatrix} & & & a_{1,r+1}x^{r+1} + a_{1,r+2}x^{r+2} + \dots + a_{1,n}x^n \\ & \delta & & \dots\dots\dots\dots\dots\dots\dots\dots\dots \\ & & & \dots\dots\dots\dots\dots\dots\dots\dots\dots \\ a_{h1} & a_{h2} & \dots & a_{h,r+1}x^{r+1} + a_{h,r+2}x^{r+2} + \dots + a_{h,n}x^n \end{vmatrix} = 0,$$

et elle est évidemment une conséquence des conditions (1).

Le système considéré a ainsi une indétermination d'ordre $n-r$ et il est alors certain que *tous* les déterminants d'ordre $r + 1$ tirés de T sont nuls, car si l'un d'entre eux ne l'était pas, l'indétermination ne pourrait être au plus que d'ordre $(n - r - 1)$.

2. Formes linéaires. — On appelle *forme* tout polynome entier et homogène par rapport à une série de n variables $x^1, x^2, \ldots, x^n$. Dans le cas particulier où le polynome est du premier degré par rapport à l'ensemble des variables, la forme est dite *linéaire* et peut s'écrire

$$f = a_1 x^1 + a_2 x^2 + \ldots + a_n x^n = \sum_{k=1}^{k=n} a_k x^k.$$

Convention de sommation. — Nous rencontrerons constamment par la suite de telles sommes étendues à un indice qui figure *deux fois* dans le monome type des divers termes de la somme. *Nous conviendrons de supprimer dans ce cas le signe* Σ *qui sera toujours sous-entendu chaque fois que cette particularité (présence dans un monome d'un même indice à deux places différentes) se présentera.* L'indice de sommation sera alors dit un *indice muet;* il est évident du reste que le nom donné à l'indice muet n'a aucune importance.

Comme nous aurons toujours à considérer à la fois plusieurs formes linéaires, nous emploierons pour les représenter la notation

$$f_i = a_{ik} x^k,$$

l'indice i servant à caractériser les différentes formes [1].

Une forme linéaire sera dite *identiquement nulle* si elle prend la valeur zéro quelles que soient les valeurs numériques données aux variables. Il est évident que la condition nécessaire et suffisante pour qu'il en soit ainsi est que les coefficients a_{ik} soient séparément nuls.

3. Formes linéaires indépendantes. — Soient p formes simultanées de n variables,

$$f_i = a_{ik} x^k \qquad (i = 1, 2, \ldots, p);$$

---

[1] Il ne faut attacher ici aucune importance particulière à la place des indices; nous verrons plus tard les règles qui nous conduisent à les placer tantôt en haut, tantôt en bas. Mentionnons cependant que nous nous arrangerons pour que, dans les différents termes des équations, les indices non muets soient toujours à la même hauteur et que (sauf quelques exceptions) dans un monome les indices muets occupent une fois la position haute et une fois la position basse.

En tout cas, la place d'un indice, aussi bien que son nom, sert à discriminer les différents coefficients écrits et, par exemple, si l'on rencontre par la suite des expressions de la forme a_i et a^i, il doit être bien entendu qu'elles représentent des *nombres* différents. Naturellement il faudra se garder de confondre les indices supérieurs avec des exposants, mais, comme nous le verrons, cette confusion est peu à craindre.

ces formes seront dites *linéairement indépendantes* s'il est impossible de trouver p coefficients numériques λ^i tels que la nouvelle forme

$$\lambda^i f_i$$

soit identiquement nulle.

Pour qu'il en soit ainsi, il est nécessaire et suffisant que le système des n équations linéaires homogènes

$$a_{ik}\lambda^i = 0$$

aux inconnues λ^i n'ait d'autre solution que $\lambda^i = 0$.

Les λ^i doivent donc toutes être des inconnues principales et la condition d'indépendance se traduit par le fait que *le rang du tableau rectangulaire* $\|a_{ik}\|$ *doit être égal à* p, *nombre des formes*.

On peut exprimer d'une seconde manière cette condition d'indépendance par l'énoncé suivant dont la démonstration est immédiate :

Pour que p formes soient linéairement indépendantes, il est nécessaire et suffisant qu'on puisse choisir les valeurs numériques des variables de telle sorte que les formes prennent des valeurs numériques arbitrairement données à l'avance.

Il en résulte alors que p formes linéairement indépendantes sont aussi *absolument indépendantes*, c'est-à-dire qu'il est impossible de trouver entre elles une relation de forme quelconque

$$\Phi(f_1, f_2, \ldots, f_p) \equiv 0.$$

Si une telle relation existait, la valeur numérique de l'une des formes serait déterminée dès qu'on aurait fixé celles des $n-1$ autres, ce qui serait en contradiction avec l'énoncé précédent.

Si, au contraire, le rang r du tableau $\|a_{ik}\|$ est inférieur au nombre des formes, celles de ces formes qui contiennent les coefficients du déterminant principal sont évidemment indépendantes et il est aisé de voir que chacune des $p-r$ autres formes s'exprime d'une façon linéaire et homogène en fonction de celles-là.

4. Substitutions linéaires. — Considérons un système de n relations de la forme

$$(2) \qquad x^i = \alpha^i_k \, \overline{x}^k$$

entre deux séries de n variables x^i et $\overline{x}^i$ et telles que de plus le déterminant $\|\alpha^i_k\|$ soit différent de zéro.

Nous dirons que ces relations définissent une substitution linéaire que nous représenterons par le symbole $x = T\,\overline{x}$.

Une substitution linéaire est entièrement déterminée par la donnée de ses coefficients. Ceux-ci forment un tableau carré qui est dit la *matrice* de la substitution; la valeur du déterminant formé par ces coefficients en sera le *module*.

Il est évidemment possible de faire, d'une façon unique, l'inversion des formules (2), c'est-à-dire de les résoudre par rapport aux variables $\overline{x}^i$, ce qui donnera

$$(2') \qquad \overline{x}^i = \alpha'^i_k x^k.$$

La nouvelle substitution ainsi définie sera dite l'*inverse* de la précédente, nous l'appellerons $\overline{x} = T^{-1} x$ et l'on vérifie immédiatement qu'il y a entre les coefficients de ces deux substitutions les relations

$$\alpha^i_k \alpha'^l_i = \alpha'^i_k \alpha^l_i = \delta'^l_k = \begin{cases} 0 & \text{si} \quad k \neq l, \\ 1 & \text{si} \quad k = l. \end{cases}$$

Considérons maintenant deux substitutions linéaires successives entre trois séries de variables

$$(T_1) \qquad x^i = \alpha^i_k \overline{x}^k$$

et

$$(T_2) \qquad \overline{x}^i = \beta^i_k \overline{\overline{x}}^k;$$

on obtient immédiatement les formules permettant de passer directement des variables x^i aux variables $\overline{\overline{x}}^i$ sous la forme

$$(T_3) \qquad x^i = \gamma^i_k \overline{\overline{x}}^k,$$

en posant

$$\gamma^i_k = \alpha^i_h \beta^h_k.$$

Cette dernière substitution sera dite le *produit* des deux premières; nous écrirons symboliquement

$$T_3 = T_1 \times T_2$$

et les règles élémentaires de multiplication des déterminants montreront immédiatement que *le module de la substitution produit est égal au produit des modules des deux substitutions facteurs.*

Cette définition se généralise évidemment à un produit de plus de deux substitutions; cette multiplication n'est pas en général commutative [1].

En particulier le produit de deux substitutions inverses donne la substitution *identique* (que nous représenterons par le symbole $T^0 = 1$), dont le module est évidemment égal à l'unité. Donc *les modules de deux substitutions inverses sont arithmétiquement inverses l'un de l'autre.*

L'ensemble de toutes les substitutions linéaires forme évidemment un

---

[1] Lorsque cette multiplication est commutative, les deux substitutions sont dites *permutables;* c'est le cas pour deux substitutions inverses.

groupe, c'est-à-dire que le produit de deux substitutions quelconques de l'ensemble en fait aussi partie ([1]).

5. Substitutions orthogonales. — Une substitution est dite *orthogonale* lorsqu'elle entraîne l'identité

$$\sum_{i=1}^{i=n} (x^i)^2 \equiv \sum_{i=1}^{i=n} (\overline{x}^i)^2.$$

Cette condition se traduit sur les coefficients de la substitution par les relations

$$(3) \qquad \alpha_h^i \alpha_k^i = \begin{cases} 0 & \text{si} & h \neq k, \\ 1 & \text{si} & h = k. \end{cases}$$

Celles-ci permettent facilement de faire l'inversion de la substitution donnée et l'on trouve

$$\overline{x}^i = \alpha_k'^i x^k, \qquad \text{avec} \qquad \alpha_k'^i = \alpha_i^k.$$

Les matrices de deux substitutions orthogonales inverses ne diffèrent donc que par l'échange des lignes en colonnes.

On en conclut immédiatement :

1° Qu'il existe aussi entre les éléments des lignes de la matrice des relations analogues

$$(3') \qquad \alpha_i^h \alpha_i^k = \begin{cases} 0 & \text{si} & h \neq k, \\ 1 & \text{si} & h = k. \end{cases}$$

2° Que les deux substitutions ont même module, celui-ci ayant alors nécessairement pour valeur $\mu = \pm 1$.

Les substitutions orthogonales pour lesquelles $\mu = +1$ sont dites *droites*, les autres sont dites *gauches*. L'ensemble de toutes les substitutions orthogonales forme évidemment un groupe; il en est de même de l'ensemble des seules substitutions orthogonales droites.

II. — FORMES QUADRATIQUES.

6. Définitions générales. — On appelle forme quadratique tout polynome homogène du second degré par rapport à n variables x^i. Nous re-

---

([1]) Il en serait de même de l'ensemble des substitutions à coefficients réels, ou encore de l'ensemble des substitutions à coefficients rationnels qui forment des *sous-groupes* du groupe précédent.

présenterons une telle forme par la notation abrégée

$$F(x) = g_{ik} x^i x^k \quad (^1).$$

On peut toujours supposer que les coefficients g_{ik} satisfont à la loi de symétrie $g_{ik} = g_{ki}$; en effet, s'il n'en est pas ainsi, par permutation du nom des indices muets, on peut écrire successivement

$$F(x) = g_{ik} x^i x^k = g_{ki} x^k x^i = \frac{1}{2}(g_{ik} + g_{ki}) x^i x^k,$$

et sous cette dernière forme la condition de symétrie est remplie. Nous supposerons toujours par la suite qu'il en est ainsi.

Les demi-dérivées partielles de la forme quadratique constituent un système de n formes linéaires

$$\frac{1}{2} F'_{x^i} = g_{ik} x^k.$$

Le déterminant symétrique droit $g = \| g_{ik} \|$ formé à l'aide des coefficients de ces formes porte le nom de *discriminant* de la forme quadratique.

7. Décomposition d'une forme quadratique en somme de carrés de formes linéaires indépendantes.

— Nous nous contenterons de rappeler en quelques mots la méthode bien connue, due à Gauss, permettant de décomposer une forme quadratique en une somme de carrés de formes linéaires *indépendantes*.

La méthode consiste à mettre en évidence des carrés par l'application répétée de l'un ou l'autre des procédés suivants.

On partira d'une ou de deux variables qu'on appellera *variables directrices*.

$1°$ *Une variable directrice.* — Supposons qu'une des variables, x^1 par exemple, figure explicitement par son carré dans la forme quadratique ($g_{11} \neq 0$); celle-ci pourra alors s'écrire

$$F = \frac{1}{g_{11}} (f_1)^2 + \Phi$$

avec

$$f_1 = g_{1k} x^k = \frac{1}{2} \frac{\partial F}{\partial x^1},$$

(^{1}) La forme comprend des termes *carrés* ($i = k$) et des termes *rectangles* ($i \neq k$); ces derniers se trouvent à deux places dans la somme double du second membre, par exemple le terme $x^1 x^2$ s'introduit avec les coefficients g_{12} ou g_{21} suivant qu'on prend pour le couple d'indices i, k la combinaison 1,2 ou la combinaison 2,1.

et l'on vérifiera immédiatement que la forme quadratique résiduelle Φ ne contient plus la variable x^1.

$2°$ *Deux variables directrices.* — Prenons au contraire deux variables, x^1 et x^2 par exemple, dont le produit se trouve dans la forme quadratique ($g_{12} \neq 0$), leurs carrés n'y figurant pas ($g_{11} = g_{22} = 0$).

On pourra écrire

$$F = \frac{2}{g_{12}} f_1 f_2 + \Phi,$$

ou encore

$$F = \frac{1}{2 g_{12}} [(f_1 + f_2)^2 - (f_1 - f_2)^2] + \Phi,$$

avec

$$f_1 = \frac{1}{2} \frac{\partial F}{\partial x^1}, \qquad f_2 = \frac{1}{2} \frac{\partial F}{\partial x^2},$$

et l'on vérifiera comme plus haut que la forme quadratique Φ ne contient plus ni x^1 ni x^2.

En opérant ainsi de proche en proche, on finira par épuiser toutes les variables et la forme quadratique se trouvera bien décomposée en une somme de carrés de formes linéaires.

On démontrera immédiatement que les formes obtenues par ce procédé sont indépendantes en montrant, d'après le n° 3, qu'on peut, par un choix convenable des variables, leur faire prendre des valeurs arbitrairement données à l'avance.

Cette méthode de Gauss conduit évidemment à plusieurs décompositions, suivant l'ordre dans lequel on fait intervenir les variables; on pourrait imaginer du reste d'autres procédés. Néanmoins les diverses décompositions possibles possèdent un caractère commun :

De quelque manière que l'on décompose une forme quadratique en une somme de carrés de formes linéaires indépendantes, on trouve toujours un nombre de carrés égal au rang de son discriminant.

En effet, supposons la forme F décomposée en une somme de p carrés

$$F(x) = (X_1)^2 + (X_2)^2 + \ldots + (X_p)^2.$$

Les formes linéaires

$$X_i = \alpha_{ik} x^k$$

étant indépendantes, le rang du tableau $\| \alpha_{ik} \|$ de leurs coefficients sera égal à p, et l'on peut toujours, en changeant au besoin le nom des variables, supposer que le déterminant formé à l'aide des p premières colonnes de ce tableau est différent de zéro.

Les demi-dérivées partielles de la forme F s'écrivent alors

$$\frac{1}{2} F'_{x^i} = \alpha_{ki} X_k.$$

Considérons maintenant les deux systèmes d'équations linéaires

$$(\mathrm{I}) \qquad\qquad \frac{1}{2} \mathrm{F}'_{x^i} = 0,$$

$$(\mathrm{II}) \qquad\qquad \mathrm{X}_k = 0.$$

Il ressort immédiatement des relations que nous venons d'établir entre les demi-dérivées partielles et les formes linéaires X_k qu'ils sont équivalents.

Or, pour le système (II), les inconnues x^1, x^2, ..., x^p sont principales, il en est donc de même pour le système (I) et par suite le déterminant *symétrique* formé à l'aide des p premières lignes et des p premières colonnes du discriminant est un déterminant principal, ce qui revient à dire que le rang de ce discriminant est nécessairement égal au nombre des formes linéaires de la décomposition ([1]).

On obtient alors très facilement le nombre des conditions pour que ce rang soit égal à p. Ce nombre, qui d'après le n° 1 devrait être de $(n - p)^2$, s'abaisse ici à $\frac{1}{2}(n - p)(n - p + 1)$ par suite de la symétrie du discriminant.

8. Formes quadratiques à coefficients réels.

8. Formes quadratiques à coefficients réels. — Ce que nous venons de dire s'applique à des formes quadratiques à coefficients quelconques. Dans la pratique, les formes que l'on rencontre sont généralement à coefficients réels et l'on peut désirer faire la décomposition en ne faisant intervenir aucun élément complexe. La méthode de Gauss permet alors de mettre F sous la forme d'une somme algébrique de carrés de formes linéaires indépendantes, soit

$$\mathrm{F}(x) = (\mathrm{X}_1)^2 + (\mathrm{X}_2)^2 + \ldots + (\mathrm{X}_k)^2 - (\mathrm{Y}_1)^2 - (\mathrm{Y}_2)^2 - \ldots - (\mathrm{Y}_q)^2.$$

Il est alors possible de démontrer que, dans les diverses décompositions, non seulement le nombre total des carrés est toujours le même, mais encore que k et q séparément ont des valeurs fixes.

Ce fait remarquable est connu sous le nom de *loi d'inertie*.

En effet, supposons que nous ayons trouvé une seconde décomposition

$$\mathrm{F}(x) = (\mathrm{X}'_1)^2 + (\mathrm{X}'_2)^2 + \ldots + (\mathrm{X}'_{k'})^2 - (\mathrm{Y}'_1)^2 - (\mathrm{Y}'_2)^2 - \ldots - (\mathrm{Y}'_{q'})^2$$

([1]) Il est très remarquable qu'on puisse toujours choisir un déterminant principal tiré du discriminant en le formant de lignes et de colonnes se croisant sur la diagonale principale. Nous donnerons aux déterminants formés de cette façon le nom de *déterminants médians* et nous pouvons encore énoncer la remarque que nous venons de faire sous la forme suivante :

Si, dans un déterminant symétrique, tous les mineurs d'un certain ordre sont nuls, et si parmi les mineurs d'ordre immédiatement inférieur il en est de différents de zéro, certains de ces derniers sont nécessairement des déterminants médians.

Nous aurons l'occasion de nous servir plus loin de cette propriété.

et, pour fixer les idées, soit k le plus petit des deux nombres k et k'. On aura alors $q > q'$, puisque $k + q = k' + q'$.

Considérons les deux systèmes d'équations linéaires

$$(\text{I}) \qquad \begin{cases} X_1 = 0, & X_2 = 0, & \ldots, & X_k = 0, \\ Y'_1 = 0, & Y'_2 = 0, & \ldots, & Y'_{q'} = 0, \end{cases}$$

$$(\text{II}) \qquad \begin{cases} X_1 = 0, & X_2 = 0, & \ldots, & X_k = 0, \\ Y_1 = 0, & Y_2 = 0, & \ldots, & Y_q = 0. \end{cases}$$

Le premier contient *au moins* $n - k - q'$ inconnues non principales (et ce nombre est au moins égal à 1, puisque $k + q' < k' + q' \leqq n$), le deuxième en contient exactement $n - k - q$, c'est-à-dire moins que le premier.

On peut donc trouver une solution du système (I) qui ne satisfasse pas à toutes les équations du système (II).

Si l'on substitue maintenant la solution ainsi trouvée dans les deux décompositions dont nous avons supposé l'existence, la première donne un résultat numérique négatif, la deuxième un résultat numérique positif (ou peut-être nul). Ces deux résultats sont contradictoires, il est donc absurde de supposer $k \neq k'$, on a par conséquent $k = k'$ et par suite aussi $q = q'$ [1].

9. Forme polaire d'une forme quadratique. — Soient deux séries de n variables x^i et y^i; considérons la forme quadratique $F(\lambda x + \mu y)$ et développons-la par la formule de Taylor suivant les puissances de λ et de μ; le coefficient de $2\lambda\mu$ s'écrit sous l'une ou l'autre des deux formes suivantes

$$\frac{1}{2}\, x^i F'_{y^i} \qquad \text{ou} \qquad \frac{1}{2}\, y^i F'_{x^i}.$$

La forme *bilinéaire* ainsi mise en évidence porte le nom de *forme polaire* de la forme quadratique donnée et nous conviendrons de la représenter par la notation

$$F(x \mid y).$$

En explicitant les dérivées partielles, on a aussi

$$F(x \mid y) = g_{ik} x^i y^k.$$

10. Forme adjointe d'une forme quadratique. — Soit une forme quadratique *à discriminant non nul*, les formules

$$(4) \qquad \xi_i = \frac{1}{2}\, F'_{x^i} = g_{ik} x^k$$

---

[1] Lorsqu'un des deux nombres k et q est nul, la forme quadratique est dite *définie*.

définissent une substitution linéaire. Faisons-en l'inversion, nous obtiendrons

$$(4') \qquad\qquad x^i = g^{ik}\xi_k \quad (^1).$$

Si l'on remplace dans la forme quadratique les variables x^i par leurs expressions en fonction des variables ξ_i (dites *variables adjointes*), on aura

$$(5) \qquad\qquad F(x) = \Phi(\xi) = x^i\xi_i = g^{ik}\xi_i\xi_k.$$

La forme $\Phi(\xi)$ sera dite la forme adjointe de la forme $F(x)$ et inversement celle-ci est l'adjointe de la précédente.

En éliminant les variables x^i entre les équations (4) et l'équation $\Phi = x^i\xi_i$, on obtient immédiatement Φ sous forme de déterminant

$$(5') \qquad\qquad \Phi(\xi) = -\frac{1}{g} \begin{vmatrix} & & & \xi_1 \\ & g & & \vdots \\ & & & \xi_n \\ \xi_1 & \cdots & \xi_n & 0 \end{vmatrix}.$$

11. Transformée d'une forme quadratique par une substitution linéaire. — Effectuons sur les variables x^i une substitution linéaire

$$(T) \qquad\qquad x^i = \alpha^i_k \overline{x}^k \qquad (\mu = \|\alpha^i_k\| \neq 0);$$

nous obtiendrons la nouvelle forme

$$\overline{F}(\overline{x}) = \overline{g}_{ik}\overline{x}^i\overline{x}^k,$$

dite *transformée de la première par la substitution* (T).

Les nouveaux coefficients de la forme sont reliés aux anciens par les formules

$$\overline{g}_{hi} = g_{ik}\alpha^i_h\alpha^k_l.$$

Supposons d'abord $g \neq 0$ (il en est alors de même de $\overline{g}$, d'après le théorème fondamental de la décomposition en carrés) et introduisons à côté des variables x^i et $\overline{x}^i$ leurs adjointes ξ_i et $\overline{\xi}_i$.

(^{1}) On a évidemment

$$g^{ik} = \frac{(-1)^{i-k}}{g} \times \text{mineur de l'élément } g_{ik} \text{ dans } g,$$

ce qui peut encore s'écrire

$$g^{ik} = \frac{\partial(\log g)}{\partial g_{ik}}.$$

On passe des ξ_i aux x^i par une substitution de module g ;

On passe des x^i aux $\overline{x}^i$ par une substitution de module μ ;

On passe des $\overline{x}^i$ aux $\overline{\xi}_i$ par une substitution de module $\dfrac{1}{\overline{g}}$.

D'autre part, le théorème de dérivation des fonctions composées donne aussi

$$\overline{\xi}_i = \alpha_i^k \xi_k,$$

substitution linéaire de module μ.

L'ensemble des quatre substitutions linéaires successives que nous venons d'envisager est équivalent à la substitution identique et le théorème du n° 4 nous donnera immédiatement

$$(6) \qquad \overline{g} = \mu^2\, g.$$

Cette relation est du reste absolument générale, car si g est nul, il en est de même de $\overline{g}$ puisque la forme, sous ses deux expressions, doit être décomposable en un même nombre de carrés.

12. Substitutions linéaires transformant en elle-même une forme quadratique donnée. — Soit $F(x)$ une forme quadratique de *discriminant non nul*, proposons-nous de trouver les substitutions linéaires T qui la transforment en elle-même, c'est-à-dire qui soient telles que l'on ait

$$F(Tx) \equiv F(x).$$

Choisissons une substitution U *particulière* qui ramène F à la forme *canonique*

$$\overline{F} = (\overline{x}_1)^2 + (\overline{x}^2)^2 + \ldots + (\overline{x}^n)^2 ;$$

la substitution $V = U^{-1}TU$ (qui s'appelle la *transformée de* T *par* U^{-1}) transforme évidemment en elle-même la forme quadratique $\overline{F}$, c'est donc une substitution orthogonale.

On en déduit l'expression la plus générale de T sous la forme

$$T = UVU^{-1},$$

V étant une substitution orthogonale arbitraire.

13. Interprétations géométriques. — Le lecteur sait que tous les théorèmes que nous venons de rappeler sur les formes linéaires et quadratiques sont, dans le cas de trois variables, susceptibles d'applications géométriques importantes et qu'ils sont à la base de toute la géométrie analytique.

Dans le cas de plus de trois variables, le schéma géométrique fait naturellement défaut, mais il sera néanmoins commode d'employer un langage conventionnel calqué sur celui de la géométrie ordinaire.

Un ensemble de valeurs numériques données à n variables x^i sera dit représenter un *point* M, et l'ensemble des points obtenus en donnant aux variables toutes les valeurs possibles formera une *multiplicité* à n dimensions.

Dans le présent Chapitre, les x^i joueront le rôle de coordonnées *cartésiennes* et nous n'effectuerons sur elles que des substitutions linéaires à coefficient constants.

Une telle substitution $x = \mathrm{T}\,\bar{x}$ pourra alors s'interpréter de deux façons :

1° On pourra regarder les x^i et les $\bar{x}^i$ comme représentant le *même* point, rapporté à des *systèmes de référence* différents, et les formules de la substitution seront celles du *changement du système de référence;*

2° On pourra regarder les x^i et les $\bar{x}^i$ comme représentant *deux* points différents rapportés au *même* système de référence, les formules de la substitution définiront alors une *transformation ponctuelle linéaire*.

C'est généralement le premier point de vue que nous adopterons ici.

Le point O, dont les coordonnées sont toutes nulles, sera dit l'origine du système de référence et nous définirons le carré de la *distance* OM par la valeur d'une forme quadratique des coordonnées de M que nous prendrons en général sous la forme

$$(7) \qquad \overline{\mathrm{OM}}^2 = (x^1)^2 + (x^2)^2 + \ldots + (x^n)^2.$$

Lorsque nous adopterons cette définition de la distance, nous dirons que les x^i forment un système de coordonnées *cartésiennes normales* ([1]).

Les seules substitutions linéaires qui conservent la forme de l'expression précédente sont les substitutions orthogonales; celles-ci correspondent donc, suivant le point de vue, soit à un changement d'axes cartésiens normaux, soit à un *déplacement* laissant fixe l'origine ([2]).

Le lieu des points dont les coordonnées sont des fonctions linéaires d'un paramètre sera dit une *droite*. En particulier, les équations

$$x^k = t, \quad x^i = 0 \quad (\text{pour } i \neq k)$$

définissent l'un des *axes* de coordonnées, l'axe $\mathrm{O}\,x^k$.

Le lieu des points dont les coordonnées sont reliées par une équation linéaire sera dit un plan.

Un ensemble de n nombre x^i, non tous nuls, définit un point P distinct

---

([1]) Ce sont de ces coordonnées normales que nous nous servirons dans la suite de ce Chapitre; le lecteur reconnaîtra sans peine les propositions qui seraient encore vraies en coordonnées cartésiennes générales.

([2]) Un *déplacement* est donc défini comme une transformation linéaire conservant les distances. En réalité il y aura lieu de distinguer deux classes de déplacements suivant que le module de la substitution est égal à $+1$ ou à -1; les déplacements de cette deuxième classe se ramènent à ceux de la première en faisant suivre ces derniers d'un *retournement*.

du point O et par suite aussi une *direction* OP dont ces nombres seront les *paramètres directeurs;* cette direction ne change pas si l'on remplace les α^i par des quantités proportionnelles. En général, on peut choisir le facteur de proportionnalité de telle sorte que l'on ait

$$(\alpha^1)^2 + (\alpha^2)^2 + \ldots + (\alpha^n)^2 = 1;$$

les α^i seront alors les *paramètres directeurs principaux* de la direction. Le seul cas où l'on ne pourrait pas effectuer cette réduction serait celui où les α^i satisferaient à la relation

$$(\alpha^1)^2 + (\alpha^2)^2 + \ldots + (\alpha^n)^2 = 0;$$

la direction serait alors dite *isotrope.*

L'angle de deux directions de paramètres directeurs principaux α^i et β^i sera défini par la formule

$$(8) \qquad \cos V = \alpha^1 \beta^1 + \alpha^2 \beta^2 + \ldots + \alpha^n \beta^n \quad (^1),$$

qui se conserve, comme on le vérifie immédiatement, dans une substitution orthogonale.

Soit $F(x) = g_{ik} x^i x^k$ une forme quadratique, les équations

$$F(x) = 1 \qquad et \qquad F(x) = 0$$

définiront respectivement une *quadrique* (ayant l'origine pour centre) et son *cône asymptote.*

Étant données deux directions α^i et β^i, la relation

$$(9) \qquad F(\alpha \mid \beta) = 0$$

exprimera qu'elles sont *conjuguées* par rapport à la quadrique et nous pourrons bâtir, comme en géométrie ordinaire, une théorie des *diamètres* et des *plans diamétraux.* Nous laisserons au lecteur le soin de la poursuivre dans ses détails.

En particulier, le plan diamétral conjugué de la direction α^i a pour équation

$$F(\alpha \mid x) = g_{ik} \alpha^i x^k = 0;$$

il ne contient la direction elle-même que si celle-ci est parallèle à une génératrice du cône asymptote et il n'est indéterminé que si elle est parallèle à une génératrice multiple de ce cône (s'il en existe).

On pourra également, comme en géométrie ordinaire, trouver une infinité de n-èdres *proprement dits* $(^2)$ dont les arêtes seront deux à deux conjuguées par rapport à la quadrique et leur recherche sera intimement liée au problème de la décomposition en carrés de la forme quadratique.

$(^1)$ Les axes cartésiens normaux sont par conséquent deux à deux orthogonaux.

$(^2)$ Nous entendons par là un ensemble formé de n droites (et des multiplicités linéaires qui les relient) non situées dans un même plan.

14. Directions principales. Équation en S.

— Une direction de paramètres directeurs principaux α^i sera dite *principale* si elle est perpendiculaire à son plan diamétral conjugué. Les conditions pour qu'il en soit ainsi se traduisent par les équations

$$(10) \qquad \frac{F'_{\alpha^1}}{\alpha^1} = \frac{F'_{\alpha^2}}{\alpha^2} = \ldots = \frac{F'_{\alpha^n}}{\alpha^n} = 2\,S.$$

Celles-ci peuvent être satisfaites de deux façons : il peut se faire qu'il existe des valeurs des α^i les vérifiant et n'annulant pas tous les numérateurs; le plan diamétral conjugué de la direction correspondante sera alors bien déterminé et l'on obtiendra une direction principale répondant exactement à la définition; il peut aussi arriver, exceptionnellement, qu'il existe une génératrice multiple du cône asymptote, ses paramètres directeurs annulent alors tous les numérateurs et l'on obtient ainsi une direction *singulière* qui peut encore être regardée comme principale par suite de l'indétermination de son plan diamétral conjugué. Ce dernier cas correspondra à une valeur nulle de S.

Le système des équations précédentes peut encore s'écrire sous forme abrégée

$$(10') \qquad (g_{ik} - \varepsilon_{ik}\,S)\,\alpha^k = 0$$

(ε_{ik} étant égal à 1 ou à 0 suivant que i et k sont égaux ou différents).

Ce système ne peut donner de solutions dans lesquelles les α^i ne soient pas tous nuls (condition essentielle pour que ces nombres déterminent une direction) que si S est une racine de l'équation suivante, dite équation en S,

$$(11) \qquad \Delta(S) = \begin{vmatrix} g_{11} - S & g_{12} & \cdots & g_{1n} \\ g_{21} & g_{22} - S & \cdots & g_{2n} \\ \cdots & \cdots & \cdots & \cdots \\ g_{n1} & g_{n2} & \cdots & g_{nn} - S \end{vmatrix} = 0.$$

Soient maintenant deux racines *distinctes* S' et S'' de cette équation et α^i et β^i les paramètres directeurs des directions principales correspondantes [1], nous allons montrer que *ces deux directions sont à la fois rectangulaires et conjuguées par rapport à la quadrique.*

En effet, les deux directions satisfont aux deux systèmes d'équations

$$S'\alpha^i = \frac{1}{2}\,F'_{\alpha^i},$$

$$S''\beta^i = \frac{1}{2}\,F'_{\beta^i}.$$

---

[1] À chaque racine de l'équation en S il correspond *au moins une* direction principale; nous rechercherons plus loin dans quel cas il en correspond plusieurs.

On en tire immédiatement, en formant de deux façons la forme polaire,

$$S'(\alpha^1\beta^1 + \ldots + \alpha^n\beta^n) = F(\alpha \mid \beta),$$
$$S''(\alpha^1\beta^1 + \ldots + \alpha^n\beta^n) = F(\alpha \mid \beta),$$

et, puisque S' est distinct de S'', ces équations sont équivalentes aux deux suivantes

$$\alpha^1\beta^1 + \alpha^2\beta^2 + \ldots + \alpha^n\beta^n = 0,$$
$$F(\alpha \mid \beta) = 0,$$

qui expriment précisément la proposition énoncée.

15. Étude de l'équation en S dans le cas des formes quadratiques à coefficients réels. — Nous allons étudier en détail le cas important où la forme quadratique est à coefficients réels et montrer tout d'abord qu'alors l'équation en S a toutes ses racines réelles.

Nous partirons, pour établir cette importante proposition, d'une identité connue sur les déterminants.

Pour mettre en évidence les ordres, nous appellerons Δ_n le déterminant défini par l'équation (11) et nous représenterons par la notation

$$\begin{vmatrix} G_{11} & G_{12} & \ldots & G_{1,n} \\ \ldots & \ldots & \ldots & \ldots \\ G_{n,1} & G_{n,2} & \ldots & G_{n,n} \end{vmatrix}$$

son déterminant adjoint.

L'identité que nous avons en vue est la suivante $(^1)$:

$$\begin{vmatrix} G_{n-1,n-1} & G_{n-1,n} \\ G_{n,n-1} & G_{n,n} \end{vmatrix} = \Delta_n \times \begin{vmatrix} g_{11} - S & g_{12} & \ldots & g_{1,n-2} \\ g_{21} & g_{22} - S & \ldots & g_{2,n-2} \\ \ldots & \ldots & \ldots & \ldots \\ g_{n-2,1} & g_{n-2,2} & \ldots & g_{n-2,n-2} - S \end{vmatrix}.$$

Nous représenterons d'autre part par Δ_{n-k} le déterminant obtenu en supprimant dans Δ_n les k dernières lignes et les k dernières colonnes. En

---

$(^1)$ Cette identité, qui est un cas particulier d'une identité plus générale due à Jacobi, se vérifie immédiatement en formant, d'après la règle de multiplication des déterminants, lignes par lignes, le produit

$$\begin{vmatrix} 1 & 0 & \ldots & 0 & 0 & 0 \\ 0 & 1 & \ldots & 0 & 0 & 0 \\ \cdot & \cdot & \ldots & \cdot & \cdot & \cdot \\ 0 & 0 & \ldots & 1 & 0 & 0 \\ G_{n-1,1} & G_{n-1,2} & \ldots & G_{n-1,n-2} & G_{n-1,n-1} & G_{n-1,n} \\ G_{n,1} & G_{n,2} & \ldots & G_{n,n-2} & G_{n,n-1} & G_{n,n} \end{vmatrix} \times \Delta_n.$$

L'identité est ainsi démontrée dans le cas où Δ_n est différent de zéro et elle s'étend par continuité au cas où Δ_n est nul.

tenant compte du fait que le déterminant adjoint est lui-même symétrique, l'identité précédente s'écrit

$$(12) \qquad G_{n-1,n-1} \times G_{n,n} - [G_{n-1,n}]^2 = \Delta_n \times \Delta_{n-2} \quad (^1),$$

ou encore, puisque $G_{n,n}$ n'est évidemment autre que Δ_{n-1},

$$(12') \qquad G_{n-1,n-1} \times \Delta_{n-1} - [G_{n-1,n}]^2 = \Delta_n \times \Delta_{n-2}.$$

Démontrons maintenant par récurrence que l'équation $\Delta_n(S) = 0$ a toutes ses racines réelles.

Nous considérerons pour cela la suite des équations obtenues en égalant à zéro les déterminants

$$\Delta_1(S), \Delta_2(S), \ldots, \Delta_{n-1}(S)$$

et nous ferons l'hypothèse provisoire que deux équations consécutives quelconques de cette suite n'ont pas de racines communes.

Nous allons montrer que si chacune de ces équations a ses racines réelles et séparées par les racines de l'équation immédiatement précédente, il en est encore de même de l'équation $\Delta_n(S) = 0$.

En effet, soient α_1, α_2, α_3, ..., α_{n-1} les racines de $\Delta_{n-1} = 0$, si nous substituons l'une quelconque de ces racines dans l'identité $(12')$, celle-ci nous montre que Δ_n et Δ_{n-2} prennent des valeurs de signes opposés. Si nous remarquons de plus que le terme de plus haut degré de l'équation de rang k est $(-1)^k S^k$, nous pouvons dresser le tableau suivant qui met immédiatement en évidence la proposition énoncée.

Valeurs de substitution......	$-\infty$	α_1	α_2	α_3	...	α_{n-1}	$+\infty$
Signes de Δ_{n-2}.............	$+$	$+$	$-$	$+$	...	$(-1)^{n-2}$	$(-1)^{n-2}$
Signes de Δ_n................	$+$	$-$	$+$	$-$	...	$(-1)^{n-1}$	$(-1)^n$
Place des racines de $\Delta_n = 0\,(^2)$.		$\uparrow$	$\uparrow$	$\uparrow$	...		$\uparrow$

(^{1}) De l'identité (12) on peut tirer différentes propriétés des déterminants symétriques à coefficients réels qui nous seront utiles par la suite.

Si Δ_n est nul et si $G_{n-1,n-1}$ et $G_{n,n}$ ne le sont pas, ces deux derniers déterminants sont nécessairement de même signe. Comme on peut toujours, par des permutations, amener deux lignes et deux colonnes de même rang à être les deux dernières lignes et les deux dernières colonnes de Δ_n, nous pouvons donc dire que, dans un déterminant symétrique *nul*, les mineurs médians non nuls (s'il en existe) sont tous de même signe.

Cette propriété se généralise immédiatement : *si un déterminant symétrique est tel que tous ses mineurs médians d'un certain ordre soient nuls, ceux des mineurs médians d'ordre immédiatement inférieur qui ne sont pas nuls (s'il en existe) sont tous de même signe.*

Enfin, l'identité (12) nous montre encore que si Δ_n est nul ainsi que tous ses mineurs médians d'ordre $n-1$, il en est de même de tous les mineurs non médians de cet ordre. Nous retrouvons ainsi une proposition déjà rencontrée (*voir* p. 9, note 1).

(^{2}) Il pourra exceptionnellement arriver que α_1, par exemple, soit racine

Les conditions que nous avons prises comme hypothèses sont évidemment réalisées par les équations $\Delta_1 = 0$ et $\Delta_2 = 0$ (tout au moins si $g_{12} \neq 0$); nous pourrons donc, partant de cette base, affirmer de proche en proche que les équations suivantes ont aussi toutes leurs racines réelles.

Il nous reste maintenant à nous débarrasser de l'hypothèse provisoire faite au début du raisonnement et à montrer que la conclusion subsiste même si l'on rencontre dans la suite deux équations consécutives ayant des racines communes ([1]).

Cette hypothèse restrictive correspond du reste au cas le plus général; deux équations consécutives de la suite n'auront en effet de racines communes que s'il existe entre les coefficients g_{ik} certaines relations algébriques. Si les coefficients sont quelconques, ces relations ne seront pas satisfaites et nous pourrons par suite affirmer la réalité de toutes les racines de l'équation $\Delta_n = 0$. Mais, d'autre part, ces racines sont des fonctions continues des coefficients g_{ik}; si l'on modifie ces derniers et que, par suite du hasard de leurs variations, certaines des relations algébriques en question viennent à se trouver vérifiées, les racines ne pourront avoir que des limites réelles, tout au plus plusieurs pourront-elles tendre à se confondre. Le théorème énoncé est donc vrai en toute généralité, seulement l'équation $\Delta_n = 0$ peut avoir des racines multiples.

Nous allons du reste préciser dans quelles conditions ce dernier cas se présente.

Conditions pour que l'équation en S admette une racine multiple d'ordre p. — On constate facilement que la dérivée d'ordre p de la fonction $\Delta(S)$ peut s'écrire

$$\Delta^{(p)}(S) = (-1)^p p! \, \Sigma_p,$$

en représentant par Σ_p la somme de tous les mineurs médians d'ordre $n - p$ du déterminant $\Delta(S)$.

La condition nécessaire et suffisante pour qu'un nombre S' soit racine multiple d'ordre p de l'équation en S se traduit alors, d'après la remarque que nous avons faite plus haut sur les signes des mineurs médians, par le fait qu'*il est nécessaire et suffisant que ce nombre annule le déterminant $\Delta(S)$ ainsi que tous ses mineurs médians jusqu'à l'ordre $n - p + 1$ et qu'il n'annule pas tous les mineurs médians d'ordre $n - p$.*

Mises sous cette forme, ces conditions ne sont du reste pas indépendantes, elles reviennent (d'après les remarques des pages 9 et 17) à dire que *le déterminant $\Delta(S')$ a pour rang le nombre $n - p$* et nous avons vu qu'il suffisait, pour qu'il en soit ainsi, d'écrire la nullité de $\dfrac{p(p+1)}{2}$ mineurs convenablement choisis parmi les mineurs d'ordre $n - p + 1$.

---

de $\Delta_n = 0$; il sera alors racine simple ou racine double; mais, comme on s'en convaincra en suivant les variations de la fonction $\Delta_n(S)$, la proposition énoncée ne cessera pas d'être exacte.

([1]) Ce fait se produit dès le départ si $g_{12} = 0$.

Il s'ensuit également qu'à une racine simple de l'équation en S correspond une direction principale réelle, unique et bien déterminée et qu'au contraire à une racine multiple d'ordre p correspond une infinité de directions principales réelles formant une multiplicité linéaire à p dimensions [1].

Remarque. — En particulier, si l'équation en S admet la racine $S = 0$ avec l'ordre de multiplicité p, le rang du discriminant Δ de la forme quadratique se réduit à $n - p$ et par suite celle-ci est décomposable en une somme de $n - p$ carrés indépendants.

Il semblerait donc que, pour exprimer que la forme quadratique est décomposable en une somme de $q = n - p$ carrés indépendants, il faille écrire $p = n - q$ conditions en annulant les p derniers coefficients de l'équation en S développée. Or nous avons démontré plus haut que le nombre des conditions à écrire était de $\dfrac{p(p+1)}{2}$. Cette contradiction apparente provient du fait que certaines des conditions écrites sous la forme nouvelle que nous mentionnons ici peuvent se décomposer en plusieurs autres. Par exemple, le coefficient de la première puissance de S dans l'équation est égal, au signe près, à la somme de tous les mineurs médians d'ordre $n - 1$ du discriminant; si ce discriminant est nul, ces mineurs sont tous de même signe et écrire que leur somme est nulle revient à écrire qu'ils le sont séparément [2].

16. Réduction d'une forme quadratique à la forme canonique par une substitution orthogonale.

— Il sera maintenant toujours possible (peut-être même de plusieurs manières) de déterminer un n-èdre rectangulaire réel conjugué par rapport à la quadrique. Pour cela, on partira d'une direction principale correspondant à une racine (simple ou multiple) de l'équation en S. On fera un changement d'axes rectangulaires en prenant pour nouvel axe des $\overline{x}^1$ la direction en question. L'équation de la quadrique

---

[1] Il y a lieu de bien préciser que ces considérations ne s'appliquent qu'au cas où la forme quadratique est à coefficients réels; s'il n'en était pas ainsi, il pourrait se faire que l'équation $\Delta(S) = 0$ ait par exemple une racine double qui n'annule pas tous les mineurs d'ordre $n - 1$. Il lui correspondrait alors *une seule* direction principale. Par exemple, la forme quadratique $x^2 + 2\,ixy - y^2$ conduit à une équation en S qui admet la racine double $S = 0$, sans que les mineurs du premier ordre s'annulent pour cette valeur de S. Il n'y a pour elle qu'*une seule* direction principale, isotrope, de paramètres directeurs 1 et i.

[2] C'est ainsi qu'une forme quadratique à trois variables se réduira à un carré parfait unique si l'on a, avec les notations habituelles, les *trois* conditions

$$AB - B'B'' = A'B' - B''B = A''B'' - BB' = 0,$$

nombre qui correspond bien à la formule $\dfrac{p(p+1)}{2}$.

se ramènera à

$$A_1(\overline{x^1})^2 + \varphi(\overline{x^2}, \overline{x^3}, \ldots, \overline{x_n}) = 1.$$

(On vérifiera du rsete immédiatement que le coefficient A_1 est égal à la racine considérée de l'équation en S.)

Ceci posé, dans la multiplicité à $n - 1$ dimensions d'équation $\overline{x^1} = 0$, on opérera de même sur la forme quadratique $\varphi(\overline{x^2}, \overline{x^3}, \ldots, \overline{x^n})$; en répétant ce procédé de proche en proche, on déterminera un n-èdre rectangulaire Oy^1, Oy^2, $\ldots$, Oy^n, conjugué par rapport à la quadrique et dans lequel l'équation de celle-ci prendra la forme

$$S_1(y^1)^2 + S_2(y^2)^2 + \ldots + S_n(y^n)^2 = 1 \quad (^1).$$

17. Réduction simultanée de deux formes quadratiques à leurs formes canoniques en axes quelconques.

— Soient deux formes quadratiques $F(x)$ et $G(x)$, on peut toujours par une substitution linéaire (qui n'est pas forcément orthogonale) $x = T\,\overline{x}$ ramener la première à la forme

$$(\overline{x^1})^2 + (\overline{x^2})^2 + \ldots + (\overline{x^n})^2.$$

Une substitution orthogonale quelconque $\overline{x} = U\,\overline{\overline{x}}$ effectuée ensuite laissera cette expression invariante; on pourra alors la choisir de telle sorte que la forme G soit ramenée à la forme canonique.

La substitution $V = TU$, produit des deux précédentes, donne donc une solution du problème posé.

Au point de vue géométrique, ce problème revient évidemment à la recherche d'un n-èdre conjugué commun par rapport aux deux quadriques d'équations

$$F(x) = 1 \qquad \text{et} \qquad G(x) = 1.$$

(^{1}) Ce procédé s'appliquerait aussi aux formes quadratiques à coefficients complexes, sauf dans le cas où l'on rencontrerait une direction principale isotrope; il est en effet impossible de compléter une telle direction par $n - 1$ autres directions qui lui soient perpendiculaires et qui forment avec elle un véritable n-èdre. On peut du reste démontrer que de telles directions principales isotropes ne peuvent pas exister si l'équation en S n'a que des racines simples.

CHAPITRE II.

CALCUL TENSORIEL.

18. Introduction. — Il est à peine utile de rappeler les progrès que le génie de Descartes a apportés à l'étude de la Géométrie (et par cela même à l'ensemble de la Science) en mettant à sa disposition les procédés du calcul algébrique.

Les méthodes de la Géométrie analytique ne vont pas cependant sans quelque inconvénient. Même dans les problèmes les plus simples, le choix des axes est quelque chose de délicat; tel problème se traitera facilement en axes obliques, tel autre aura une solution particulièrement élégante avec un tétraèdre de référence heureusement choisi. Il n'existe pas de règles absolues guidant vers le meilleur choix.

D'autre part, ces axes, ces systèmes de référence sont évidemment superflus; les lois de la Géométrie, de la Mécanique, de la Physique ont une existence *intrinsèque* indépendante du système de coordonnées dans lequel on les étudie.

Il était donc tout naturel d'essayer de s'en débarrasser et plusieurs essais ont été faits dans ce but.

On a cherché d'abord à raisonner directement sur les êtres géométriques ou physiques. Pour fournir une base aux raisonnements déductifs, on leur a fait correspondre des éléments simples d'un schéma euclidien et l'on a défini sur ces éléments des opérations dont on a étudié les propriétés. Ce procédé a conduit à un chapitre important de la Science : le *Calcul vectoriel*.

Mais celui-ci, quelle que soit son importance pratique, ne résout pas entièrement le problème posé. Il s'adapte très bien à l'étude des propriétés mécaniques et physiques de l'espace euclidien à trois dimensions. Les opérations qu'on y définit entre les êtres vectoriels sont peu nombreuses, leurs propriétés sont simples, faciles à établir et à appliquer.

Il n'en est plus du tout de même pour des espaces à un nombre élevé de dimensions, surtout s'ils ne jouissent pas de propriétés euclidiennes. Quelques essais ont été faits pour y généraliser le calcul vectoriel, mais alors le symbolisme devient extrêmement complexe, les opérations sont multiples et leurs propriétés difficiles à retenir.

Un autre essai a alors été fait dans une voie différente. Ici on va conserver le système de référence, mais au lieu de chercher la simplification de tel problème donné en le choisissant avec plus ou moins de bonheur, on évitera systématiquement cette particularisation et l'on n'écrira des équations que sous une forme valable dans n'importe quel système de coordonnées. On trouve déjà une tentative de ce genre dans l'emploi des équations abrégées en Géométrie analytique, emploi qui a contribué si heureusement au développement de la géométrie moderne. Mais là, les systèmes de référence restaient rectilignes (axes ou tétraèdres de référence). Ici au contraire on recherchera des méthodes s'appliquant à des systèmes de coordonnées curvilignes quelconques.

C'est ce dernier essai qui, systématiquement développé, a conduit au *Calcul différentiel absolu* ou *Calcul tensoriel*.

La théorie que nous allons exposer a pour bases des travaux de *Christoffel* et de *Riemann* (qui en réalité ont été poursuivis dans un but différent) et surtout un Mémoire fondamental de Ricci et Levi-Civita, *Méthodes de calcul différentiel absolu et leurs applications* (*Math. Annalen*, Bd 54, 1900).

Pour une bibliographie détaillée, nous renverrons à l'Ouvrage de M. Lecat, *Bibliographie de la Relativité*, Bruxelles, Lamertin.

Parmi les Ouvrages didactiques récents traitant du même sujet, nous nous contenterons de signaler les suivants :

H. Weyl, *Temps, Espace, Matière*, traduit sur la quatrième édition allemande par G. Juvet et R. Leroy, Paris, Albert Blanchard.

A.-S. Eddington, *Espace, Temps et Gravitation*, traduit de l'anglais par J. Rossignol, Paris, Hermann.

Von Laue, *La Théorie de la Relativité*, traduit sur la quatrième édition allemande par G. Létang, Paris, Gauthier-Villars.

H. Galbrun, *Introduction à la Théorie de la Relativité*, Paris, Gauthier-Villars.

G. Juvet, *Introduction au Calcul tensoriel et au Calcul différentiel absolu*, Paris, Albert Blanchard.

Nous mentionnerons aussi un intéressant Mémoire, basé presque exclusivement sur des considérations géométriques de G. Darmois, *Éléments de Géométrie des espaces* (*Annales de Physique*, 10ᵉ série, t. I, 1924) (¹).

I. — DÉFINITIONS GÉNÉRALES.

19. Généralités. — Tout système de n variables indépendantes $x^i (i = 1, 2, \ldots, n)$, occupant un certain domaine, est dit constituer une *multiplicité* ou une *variété* à n dimensions (²).

Pour la commodité du langage, nous emploierons une image géométrique classique et nous dirons que chaque système de valeurs numériques données aux x^i détermine un *point* (x) de la multiplicité dont ces nombres sont les *coordonnées*.

Si l'on remplace les variables x^i par de nouvelles variables $\overline{x}^i$ (en même nombre) liées aux anciennes par certaines relations, on dit que l'on a effectué sur les premières variables une *transformation* qu'on représentera par le symbole $T = (x^i, \overline{x}^i)$.

Nous supposerons que les variables restent dans des domaines respectifs tels que les fonctions définissant la transformation (donnant par exemple les x^i en fonction des $\overline{x}^i$) soient uniformes, continues et dérivables autant de fois qu'il nous sera nécessaire et que de plus le déterminant fonctionnel $\dfrac{D(x^i)}{D(\overline{x}^i)}$ reste fini et différent

---

(¹) Signalons encore un ouvrage de T. Levi-Civita, *Calcolo differenziale assoluto*, paru pendant que le présent ouvrage était à l'impression.

(²) Le lecteur reconnaîtra clairement un peu plus tard les raisons qui nous conduisent à placer les indices tantôt en haut, tantôt en bas. La confusion, possible et dont il faut se garder, entre les indices supérieurs et des exposants ne sera jamais à craindre par la suite.

Comme nous tenons à ce que le Chapitre I soit indépendant du reste de l'Ouvrage, nous ne craignons pas de répéter ici certaines définitions qui y ont déjà été données.

de zéro; on pourra alors définir de façon univoque la transformation inverse $T^{-1} = (\overline{x}^i, x^i)$.

Considérons maintenant deux transformations T et T_1 répondant aux conditions précédentes; la première T, appliquée aux variables x^i, permettra d'en déduire de nouvelles variables $\overline{x}^i$ et la deuxième T_1, appliquée à ces dernières, en déduira une troisième série $\overline{\overline{x}}^i$. La transformation qui permettrait de passer directement des variables x^i aux variables $\overline{\overline{x}}^i$ s'appellera le *produit* des transformations T et T_1 et se représentera par la notation $T.T_1 = (x^i, \overline{\overline{x}}^i)$.

Cette multiplication n'est pas en général commutative.

On dira qu'un ensemble de transformations (en nombre fini ou infini) forme un groupe si les produits de deux transformations quelconques de l'ensemble (ainsi que les inverses de ces transformations) en font aussi partie. Cette dernière condition implique que l'on considère comme faisant aussi partie du groupe la transformation identique qui laisserait les variables inchangées.

Nous supposerons essentiellement par la suite que les transformations que nous envisagerons forment un groupe.

20. Système de fonctions attaché à un point de la multiplicité. — Soit maintenant, dans un système de variables déterminé x^i, un point (x) de la multiplicité et considérons un ensemble de fonctions f en nombre quelconque, fonctions qui pourront du reste être définies dans toute la multiplicité ou seulement en certains points plus ou moins isolés.

Un tel ensemble s'appellera un *système de fonctions attaché au point* (x).

Il y a lieu de préciser les conventions suivant lesquelles on transformera un tel système lorsqu'on effectuera sur les variables une transformation $T = (x^i, \overline{x}^i)$.

Le problème ainsi posé est largement indéterminé, mais néanmoins la transformation S, correspondant à T, qu'il faudra faire subir au système f pour en déduire le nouveau système $\overline{f}$ doit satisfaire à certaines conditions logiques.

1° Si la transformation T se réduit à la transformation identique, il doit en être de même de la transformation S.

2° Si T se trouve être le produit de deux transformations du groupe, T_1 et T_2, S doit être également le produit des transformations correspondantes S_1 et S_2.

Nous appellerons ces deux conditions les *conditions* (C); elles laissent le choix entre une infinité de transformations S possibles, mais certaines d'entre elles se sont imposées si naturellement que leur étude s'est condensée en un corps de doctrine : le *calcul tensoriel*.

21. Transformation par invariance. — Le premier procédé qui se présente à l'esprit consiste à remplacer simplement dans les fonctions f les variables x^i par leurs expressions en fonction des variables $\overline{x}^i$, on obtient ainsi de nouvelles fonctions $\overline{f}$ liées aux premières par des relations du type

$$\overline{f}(\overline{x}^i) = f(x^i).$$

On dira alors que les fonctions f ont été transformées *par invariance* ou encore que ce sont des *invariants* par rapport à la transformation T.

Il est évident que les conditions (C) sont remplies [1].

22. Autres procédés de transformation. — Mais il y a d'autres transformations S également naturelles. Supposons par exemple que le système f soit formé de n fonctions qui soient les dérivées partielles premières par rapport aux variables x^i d'une même fonction : $f_i = \dfrac{\partial \varphi}{\partial x^i}$, il paraîtra tout indiqué de transformer par invariance la fonction φ en une fonction $\overline{\varphi}$ et de faire correspondre aux f_i les dérivées partielles de $\overline{\varphi}$ par rapport aux $\overline{x}^i$. On aura ainsi

$$\overline{f}_i = \frac{\partial \overline{\varphi}}{\partial \overline{x}^i} = \sum_{r=1}^{r=n} \frac{\partial x^r}{\partial \overline{x}^i} f_r \quad (^2).$$

---

[1] Il est bon de remarquer que ce mot d'invariant a aussi un autre sens plus restreint en mathématiques. On le réserve souvent au cas où la fonction $\overline{f}(\overline{x}^i)$ se déduit des $\overline{x}^i$ par les mêmes opérations que celles qui permettent de déduire la fonction $f(x^i)$ des x^i. C'est par exemple dans ce sens qu'on dira que l'expression $x^2 + y^2 + z^2$ est un invariant par rapport aux substitutions orthogonales effectuées sur les variables x, y, z.

[2] En calcul vectoriel, le système f_i est alors dit le gradient du scalaire φ.

De même, la façon dont se transforment les différentielles des variables dans la transformation T nous donne une nouvelle substitution S, également naturelle et définie par les formules

$$d\overline{x}^i = \sum_{r=1}^{r=n} \frac{\partial \overline{x}^i}{\partial x^r}\, dx^r.$$

Le lecteur vérifiera sans peine que, pour cette transformation comme pour la précédente, les conditions (C) sont encore satisfaites.

Ce sont ces deux transformations naturelles que nous prendrons comme base; mais, auparavant, indiquons les notations que nous emploierons par la suite ainsi qu'une importante convention dont nous ferons constamment usage.

23. Notations. — Pour la rapidité de l'écriture, nous représenterons les dérivées partielles des variables par les notations suivantes :

$$(1) \qquad \frac{\partial x^i}{\partial \overline{x}^r} = \underline{x}^i_r \qquad \text{et} \qquad \frac{\partial \overline{x}^i}{\partial x^r} = \overline{x}^i_r.$$

24. Convention de sommation. Indices muets. — Dans les formules que nous venons d'écrire dans les paragraphes précédents figure un signe de sommation étendu à toutes les valeurs 1, 2, ..., n prises par un indice r figurant *deux fois* dans le monome constitutif du second membre.

Nous conviendrons essentiellement, chaque fois qu'il en sera ainsi, de supprimer le signe correspondant de sommation, et inversement, chaque fois qu'un monome contiendra deux fois un même indice, à moins d'indication contraire, la sommation devra être effectuée pour toutes les valeurs de cet indice allant de 1 à n ([1]).

([1]) Cette convention de sommation qui peut paraître un peu artificielle est au fond extrêmement importante. Elle se justifiera d'elle-même par sa commodité, car on constatera, comme le dit M. Eddington, qu'elle donne toujours aux calculs une impulsion dans un sens favorable.

D'après cela, les formules que nous avons écrites précédemment deviendront

$$\overline{f}_i = \underline{x}_i^r f_r \qquad \text{(pour le gradient d'un scalaire)}$$

et

$$\overline{dx}^i = \overline{x}_r^i \, dx^r \qquad \text{(pour les différentielles)}.$$

Nous condensons ainsi deux groupes de n formules distinctes contenant chacune n termes aux seconds membres.

De tels indices de sommation s'appelleront des *indices muets*; on peut évidemment changer le nom de tout indice muet et, par exemple, la première des équations précédentes s'écrit tout aussi bien

$$\overline{f}_i = \underline{x}_i^s f_s \qquad (^1).$$

Comme nous le verrons plus loin, tout indice muet occupera dans un monome (sauf de rares exceptions) une fois la position haute et une fois la position basse.

25. Relations entre les dérivées partielles $\underline{x}_r^i$ et $\overline{x}_r^i$. — Si nous reprenons les formules des différentielles totales des variables, nous pourrons écrire les deux groupes de formules

$$dx^i = \underline{x}_r^i \, \overline{dx}^r,$$

$$\overline{dx}^k = \overline{x}_s^k \, dx^s.$$

Les deuxièmes résulteraient du reste de la résolution par les formules de Cramer des équations du premier groupe, résolution certainement possible d'une façon unique puisque le déterminant fonctionnel est différent de zéro.

Si l'on élimine entre ces équations les quantités $\overline{dx}^i$, on devra tomber sur des identités

$$dx^i \equiv \underline{x}_r^i \overline{x}_s^r \, dx^s,$$

ce qui implique immédiatement

$$\underline{x}_r^i \overline{x}_s^r = \begin{cases} 0 & \text{si} \quad s \neq i, \\ 1 & \text{si} \quad s = i. \end{cases}$$

(^{1}) Il y a là quelque chose de tout à fait analogue au fait que dans une intégrale définie le nom de la variable d'intégration n'a aucune importance.

De même, en éliminant au contraire les dx^i, on trouverait les relations suivantes :

$$\overline{x}^i_{,r}\,\underline{x}^r_s = \begin{cases} 0 & \text{si} \quad s \neq i, \\ 1 & \text{si} \quad s = i. \end{cases}$$

Ces relations ne sont du reste que les identités bien connues déduites du développement d'un déterminant par rapport à ses lignes ou à ses colonnes.

Si nous convenons, comme il sera commode, d'appeler δ^i_s une quantité égale à 1 ou à 0 suivant que i est égal à s ou différent de s, les formules précédentes (qui seront fondamentales pour la suite) s'écriront

$$(2) \qquad \underline{x}^i_{,r}\,\overline{x}^r_s = \overline{x}^i_{,r}\,\underline{x}^r_s = \delta^i_s \qquad \text{avec} \qquad \delta^i_s = \begin{cases} 0 & \text{si} \quad s \neq i, \\ 1 & \text{si} \quad s = i \end{cases} \;(^1).$$

26. Systèmes tensoriels du premier ordre. — Par définition, nous appellerons *système tensoriel covariant du premier ordre* tout ensemble de n fonctions A_r attachées au point (x) et se transformant comme le gradient d'un scalaire, c'est-à-dire d'après la loi

$$(3) \qquad\qquad \overline{A}_r = \underline{x}^\rho_{,r}\,A_\rho.$$

De même, nous appellerons *système tensoriel contrevariant du premier ordre* tout ensemble de n fonctions A^r attachées au point (x) et se transformant comme les différentielles des variables, c'est-à-dire d'après la loi

$$(4) \qquad\qquad \overline{A}^r = \overline{x}^r_\rho\,A^\rho.$$

Le caractère covariant sera *toujours* indiqué par un indice *inférieur*, le caractère contrevariant *toujours* par un indice *supérieur* $(^2)$.

$(^1)$ Il faut écrire $\delta^i_s = 1$ si $s = i$, et non $\delta^i_i = 1$, ce qui serait inexact à cause de la convention de sommation ($\delta^i_i = n$).

$(^2)$ Il pourrait paraître plus logique d'appeler systèmes covariants ceux qui se transforment d'après la loi (4), c'est-à-dire qui *varient comme* les variables fondamentales.

En réalité, la notation dont nous nous servons ici (et qui est à peu près universellement adoptée) a pris naissance dans la géométrie linéaire. Expliquons-le en deux mots en nous plaçant dans l'espace ordinaire à trois dimensions.

Pour repérer dans l'espace linéaire un vecteur (V) d'origine O, on mène par O

27. Inversion des formules précédentes. — En échangeant les rôles des variables x^i et $\bar{x}^i$ les formules (3) et (4) s'écrivent aussi bien sous la forme

$$(3') \qquad \qquad A_r = \bar{x}^\rho_r \bar{A}_\rho,$$

$$(4') \qquad \qquad A^r = \underline{x}^r_\rho \bar{A}^\rho.$$

Pour nous familiariser avec le mécanisme du calcul tensoriel, donnons la démonstration directe de la formule $(3')$.

Partons de la formule (3)

$$\bar{A}_r = \underline{x}^\rho_r A_\rho \, ;$$

multiplions les deux membres par $\bar{x}^r_s$ et faisons la sommation implicitement contenue dans le fait que r devient indice muet, nous aurons successivement

$$\bar{x}^r_s \bar{A}_r = \underline{x}^\rho_r \bar{x}^r_s A_\rho = \delta^\rho_s A_\rho = A_s,$$

ce qui n'est autre que la formule $(3')$ [1].

28. Systèmes tensoriels du second ordre. — Partons par exemple de deux systèmes covariants du premier ordre, B_r et C_r, formons les n^2 fonctions $A_{rs} = B_r C_s$ et cherchons leur loi de transformation quand on change de variables.

---

trois *vecteurs de base* (ou *vecteurs unités*) (U_1), (U_2), (U_3), arbitrairement choisis, mais non situés dans un même plan. On décompose ensuite, suivant leurs lignes d'action, le vecteur (V) en trois vecteurs (V_1), (V_2), (V_3). Les coordonnées du vecteur (V) seront alors les trois modules x^1, x^2, x^3 des homothéties qu'il faudrait faire subir respectivement aux vecteurs unités (U_1), (U_2), (U_3) pour obtenir les vecteurs (V_1), (V_2), (V_3).

Si l'on change les vecteurs de base, en les remplaçant par trois autres $(\bar{U}_1)$, $(\bar{U}_2)$, $(\bar{U}_3)$, liés aux premiers par les relations vectorielles

$$(\bar{U}_i) = \lambda^k_i (U_k),$$

on voit de suite que les nouvelles coordonnées de (V) seront reliées aux anciennes par les formules

$$x^i = \lambda^i_k \bar{x}^k.$$

Ces coordonnées se transforment donc *en sens contraire* des vecteurs de base, d'où le nom qui leur a été donné de variables *contrevariantes*.

[1] On se familiarise vite avec l'emploi des formules (3) et (4), (3') et (4'): pour faciliter l'effort de mémoire, il suffit de se rappeler que le système des différentielles dx^i est contrevariant. C'est précisément pour cette raison que nous avons affecté les variables d'un indice supérieur.

Cette loi est évidente; on a en effet

$$\overline{B}_r = x^\rho_{\cdot r} B_\rho,$$
$$\overline{C}_s = x^\sigma_{\cdot s} C_\sigma;$$

d'où

$$\overline{B}_r \overline{C}_s = x^\rho_{\cdot r} x^\sigma_{\cdot s} B_\rho C_\sigma,$$

c'est-à-dire

$$\overline{A}_{rs} = x^\rho_{\cdot r} x^\sigma_{\cdot s} A_{\rho\sigma}.$$

Tout système de n^2 fonctions se transformant suivant cette loi sera dit constituer un *système tensoriel covariant du second ordre*.

En partant de deux systèmes contrevariants du premier ordre, nous définirons de même les *systèmes tensoriels contrevariants du second ordre*, ensembles de n^2 fonctions A^{rs} obéissant à la loi de transformation

$$\overline{A}^{rs} = \overline{x}^r_\rho \overline{x}^s_\sigma A^{\rho\sigma}.$$

Enfin, en partant de deux systèmes du premier ordre, l'un covariant, l'autre contrevariant, nous définirons des *systèmes tensoriels mixtes du second ordre* avec la loi de transformation

$$\overline{A}^{\cdot s}_{r} = x^\rho_{\cdot r} \overline{x}^s_\sigma A^{\cdot\sigma}_{\rho} \quad (^1).$$

En résumé, les formules de transformation des systèmes tensoriels du second ordre seront données par le tableau suivant :

$$(5) \quad \begin{cases} \overline{A}_{rs} = x^\rho_{\cdot r} x^\sigma_{\cdot s} A_{\rho\sigma} & \text{(systèmes covariants)}, \\[2mm] \overline{A}^{rs} = \overline{x}^r_\rho \overline{x}^s_\sigma A^{\rho\sigma} & \text{(systèmes contrevariants)}, \\[2mm] \overline{A}^{\cdot s}_{r} = x^\rho_{\cdot r} \overline{x}^s_\sigma A^{\cdot\sigma}_{\rho} & \text{(systèmes mixtes)}. \end{cases}$$

29. Généralisation définitive. — Il est évident qu'un procédé analogue permettra de définir des systèmes d'un ordre quelconque. Il suffira d'en donner un exemple. Un ensemble de n^3 fonctions sera dit former un *système tensoriel du troisième ordre, covariant par rapport aux indices r et t, contrevariant par*

---

rapport à l'indice s, s'il se transforme d'après la loi

(6)
$$\overline{A}^{s}_{r.t} = x^{\rho}_{r}\,\overline{x}^{s}_{\sigma}\,x^{\tau}_{t}\,A^{.\sigma}_{\rho.\tau}.$$

Cette formule contient en réalité toutes les formules précédentes en supposant que certains indices viennent à disparaître, et même, par extension elle contient le cas des invariants qui apparaissent comme des *systèmes d'ordre zéro*.

La formule (6) s'inverse facilement et s'écrit aussi bien

(6')
$$A^{s}_{r.t} = \overline{x}^{\rho}_{r}\,x^{s}_{\sigma}\,\overline{x}^{\tau}_{t}\,\overline{A}^{.\sigma}_{\rho.\tau} \quad (^{1}).$$

Remarque. — L'intérêt des transformations du calcul tensoriel réside dans le fait qu'elles s'appliquent, non seulement pour certaines transformations T formant un groupe particulier, mais bien pour toutes les transformations imaginables, sous la seule réserve des conditions d'existence et de continuité des dérivées que nous avons mentionnées plus haut.

II. — ALGÈBRE TENSORIELLE.

Nous allons maintenant préciser les opérations auxquelles on peut soumettre les systèmes tensoriels.

30. Multiplication par un invariant. — Il est évident que si l'on multiplie toutes les composantes d'un système quelconque par un même invariant, on obtient encore un système de même type.

31. Addition. — Étant donnés deux ou plusieurs systèmes *de même type*, si l'on additionne leurs composantes de même indice on obtient un nouveau système de même type qui est dit leur somme.

Cette opération qui est évidemment commutative et associative est l'analogue de l'addition vectorielle.

32. Multiplication. — Étant donnés deux systèmes *de types et*

(^{1}) Il suffit de surligner les fonctions qui ne le sont pas, d'effacer le trait de celles qui le sont et de changer la place du trait dans chaque dérivée partielle. Le calcul direct en est du reste immédiat.

d'ordres quelconques, si l'on multiplie de toutes les façons possibles les composantes de l'un par celles de l'autre, on obtient encore un nouveau système dont l'ordre est égal à la somme des ordres des précédents et qui est dit leur *produit extérieur* ([1]).

Cette multiplication est commutative, associative et distributive par rapport à l'addition ([2]).

33. Contraction. — Considérons un système mixte du deuxième ordre, A_r^s, il se transforme d'après la loi

$$\overline{A}_r^s = x_r^\rho \overline{x}_\sigma^s A_\rho^\sigma.$$

Faisons dans cette formule $s = r$, ce qui entraîne la sommation par rapport à r devenu indice muet, nous aurons

$$\overline{A}_r^r = x_r^\rho \overline{x}_\sigma^r A_\rho^\sigma = \delta_\sigma^\rho A_\rho^\sigma = A_\rho^\rho = A_r^r.$$

Conclusion. — A_r^r est un invariant. Cette opération qui permet de passer d'un système mixte du second ordre à un invariant porte le nom de *contraction*.

Extension à des systèmes d'ordre plus élevé. — Si nous appliquons la même méthode à un système mixte quelconque, $A_{pq\ldots t}^{\ \ \ rs}$ par exemple, en y égalant les indices s et t qui deviennent alors indices muets, on voit de suite que $A_{pq\ldots s}^{\ \ \ rs}$ se transforme comme un système du type $B_{pq}^{\ \ r}$ d'ordre inférieur de deux unités au système donné.

Remarque. — Lorsque le système est d'un ordre supérieur au deuxième, on peut en général en tirer des systèmes contractés différents suivant les indices que l'on convient d'égaler.

([1]) Il est inutile de donner la démonstration de cette proposition, puisque c'est de ce procédé même que nous sommes partis pour former des systèmes d'ordre de plus en plus élevé.

([2]) Il y a cependant lieu de remarquer que, si la multiplication est commutative en ce sens que les deux facteurs jouent le même rôle, il est bon de faire attention aux notations. Pour un produit de deux systèmes du premier ordre, par exemple, il conviendra de représenter par des lettres différentes les deux systèmes produits

$$A_{rs} = B_r . C_s \qquad \text{et} \qquad A'_{rs} = C_r . B_s.$$

Ces deux systèmes ont bien les mêmes composantes, mais elles ne sont pas écrites dans le même ordre.

34. Multiplication mixte et multiplication intérieure. — Étant donnés deux systèmes tensoriels, on peut faire suivre leur multiplication extérieure d'une contraction plus ou moins répétée appliquée à des indices appartenant à l'un et à l'autre des systèmes. On obtient ainsi la *multiplication mixte*.

En particulier, ce procédé, appliqué à deux systèmes du premier ordre de types différents, donne naissance à l'invariant $A_r B^r$ qui porte le nom de *produit intérieur* des deux systèmes et qui est l'analogue du produit scalaire du calcul vectoriel ([1]).

35. Procédés permettant de déceler le caractère tensoriel d'un système. — Lorsqu'un système de fonctions s'introduit dans un problème, on peut quelquefois reconnaître son caractère tensoriel en vérifiant s'il obéit aux lois de transformation des systèmes tensoriels ou encore s'il n'est pas composé par addition, multiplication ou contraction à l'aide de systèmes tensoriels plus simples. Mais il existe aussi un troisième procédé courant très important.

Soit un système de fonctions dépendant par exemple de trois indices (auxquels à dessein nous n'assignons pas de places) $A(r, s, t)$ et supposons que le produit contracté $A(r, s, t)\, \xi_r \eta_s \zeta^t$ soit un invariant, quels que soient les systèmes tensoriels ξ_r, η_s, ζ^t. on pourra affirmer que le système $A(r, s, t)$ constitue un système tensoriel contrevariant par rapport aux indices r et s, covariant par rapport à l'indice t.

En effet, la propriété d'invariance mentionnée dans l'énoncé s'exprime par l'égalité

$$\overline{A}(r, s, t)\, \overline{\xi}_r \overline{\eta}_s \overline{\zeta}^t = A(\rho, \sigma, \tau)\, \xi_\rho \eta_\sigma \zeta^\tau,$$

ou encore d'après (3) et (4)

$$\overline{A}(r, s, t)\, \overline{\xi}_r \overline{\eta}_s \overline{\zeta}^t = A(\rho, \sigma, \tau)\, \overline{x}_\rho^r \overline{x}_\sigma^s \underline{x}_t^\tau \overline{\xi}_r \overline{\eta}_s \overline{\zeta}^t,$$

c'est-à-dire

$$\left[\overline{A}(r, s, t) - A(\rho, \sigma, \tau)\, \overline{x}_\rho^r \overline{x}_\sigma^s \underline{x}_t^\tau \right] \overline{\xi}_r \overline{\eta}_s \overline{\zeta}^t = 0.$$

([1]) La différentielle totale $\dfrac{\partial f}{\partial x^i}\, dx^i$ d'un invariant f est un exemple simple de multiplication intérieure et la propriété d'invariance de ce produit contracté est bien connue.

Nous avons dans le premier membre une forme trilinéaire des variables $\bar{\xi}_r$, $\bar{\tau}_{|s}$, $\bar{\zeta}^t$ qui doit être identiquement nulle, il s'ensuit qu'on aura, quelles que soient les valeurs des indices r, s, t,

$$\overline{\mathrm{A}}(r, s, t) = \bar{x}_\rho^r \bar{x}_\sigma^s \underline{x}_t^\tau \mathrm{A}(\rho, \sigma, \tau),$$

ce qui démontre le théorème énoncé ([1]).

Corollaire. — Le lecteur démontrera sans peine, en se basant sur la proposition précédente, le corollaire suivant :

Si le système de fonctions $\mathrm{A}(r, s, t)$ *est tel que le produit contracté* $\mathrm{A}(r, s, t)\, \mathrm{B}_{rs}$ *forme un système tensoriel covariant du premier ordre, quel que soit le système tensoriel* B_{rs}, *on pourra affirmer que le système* $\mathrm{A}(r, s, t)$ *constitue un système tensoriel contrevariant par rapport aux indices* r *et* s, *covariant par rapport à l'indice* t ([2]).

36. Conséquence : Modification de la définition des systèmes tensoriels. — Les propriétés précédentes peuvent servir de définition pour les systèmes généraux; c'est le point de vue adopté en particulier par H. Weyl (*Temps, Espace, Matière*, édition française, p. 27).

H. Weyl introduit plusieurs séries de variables dont les unes à indices inférieurs se transforment par covariance, les autres à indices supérieurs se transforment par contrevariance.

Ceci posé, se donner par exemple un système tensoriel du troisième ordre, contrevariant par rapport aux indices r et s, covariant par rapport à l'indice t, c'est se donner une forme trilinéaire

---

([1]) La démonstration précédente suppose essentiellement que les systèmes de composantes respectives ξ_r, $\tau_{|t}$, ζ^t sont quelconques. Par exemple le fait que $\mathrm{A}(r, s)\xi^r \xi^s$ est un invariant quel que soit le seul système de composantes ξ^r entraîne seulement la conséquence que les quantités $\mathrm{A}(r, s) + \mathrm{A}(s, r)$ forment un système tensoriel covariant du second ordre. On n'en déduira une conséquence certaine sur les $\mathrm{A}(r, s)$ elles-mêmes que dans des cas particuliers, par exemple si $\mathrm{A}(r, s) = \mathrm{A}(s, r)$, ou bien encore si l'on a pu démontrer directement, comme nous en verrons plus tard une application, que les quantités $\mathrm{A}(r, s) - \mathrm{A}(s, r)$ forment elles aussi un système tensoriel covariant du second ordre.

([2]) Il est à peine besoin de faire remarquer que les propriétés données ci-dessus sur des cas particuliers pour la commodité de l'écriture et de l'expression sont absolument générales.

par rapport à trois séries de variables

$$A^{rs}_{..t}\,\xi_r\,\tau_{,s}\,\zeta_t,$$

qui reste *identiquement invariante* dans toute transformation des variables de base.

Les coefficients de la forme sont alors les *composantes* du système.

37. Systèmes tensoriels spéciaux. — Les systèmes que l'on rencontre en mécanique ou en physique possèdent en général d'importantes propriétés de symétrie.

1° *Systèmes symétriques.* — On dit qu'un système contrevariant ou covariant est symétrique si, en échangeant les valeurs de deux indices quelconques, on retombe sur une composante du même système égale à la première.

Par exemple, pour un système covariant du deuxième ordre, cette propriété se traduira par l'égalité

$$A_{rs} = A_{sr},$$

qui devra avoir lieu quelles que soient les valeurs des indices r et s.

2° *Systèmes symétriques gauches (ou antisymétriques).* — On dit qu'un système contrevariant ou covariant est symétrique gauche si, en échangeant les valeurs de deux indices quelconques, on retombe sur une composante du même système opposée à la première.

Dans le cas d'une multiplicité à trois dimensions par exemple, un système antisymétrique du second ordre n'a que trois composantes distinctes non nulles, car on a

$$A_{11} = A_{22} = A_{33} = 0, \qquad A_{12} = -A_{21}, \qquad A_{23} = -A_{32}, \qquad A_{31} = -A_{13},$$

un système antisymétrique du troisième ordre n'a qu'une composante différente de zéro et il n'existe pas de système antisymétrique d'ordre supérieur à trois.

Le lecteur vérifiera sans peine que ces propriétés de symétrie droite ou gauche se conservent par un changement de variables.

Nous rencontrerons plus tard, pour des systèmes tensoriels d'ordre supérieur à 2, des cas plus complexes où la symétrie droite ou gauche n'a lieu que pour certains groupes d'indices.

III. — FORME QUADRATIQUE FONDAMENTALE.

38. Définition. — Dans les questions géométriques ou physiques que nous étudierons par la suite, nous introduirons une forme quadratique des différentielles des variables

$$g_{ik}\, dx^i\, dx^k,$$

que nous appellerons la forme quadratique fondamentale.

Les g_{ik} sont des fonctions (continues et dérivables) des coordonnées x^i et la valeur de la forme quadratique fondamentale sera dite le carré de la *distance* séparant les deux points de coordonnées x^i et $x^i + dx^i$, sans qu'il faille voir, jusqu'à nouvel avis, autre chose dans cette appellation de distance qu'un langage géométrique conventionnel commode.

Toute multiplicité dans laquelle on aura ainsi défini la *distance* de deux points voisins sera dite un *espace*.

Par définition même, la forme fondamentale sera supposée donnée dans un système de variables déterminé et sera transformée par invariance si l'on veut l'avoir dans un autre système.

Nous supposerons du reste essentiellement, ce que nous avons montré être toujours possible dans le Chapitre I, que ses coefficients satisfont à la loi de symétrie

$$g_{ik} = g_{ki}.$$

39. Systèmes tensoriels fondamentaux du second ordre. — D'après le théorème du n° 35 et la remarque qui l'accompagne en note, les fonctions g_{ik} forment un système tensoriel covariant du second ordre.

D'autre part, avec les n^2 composantes g_{ik}, on peut former un déterminant $g = \| g_{ik} \|$ qu'on appelle le discriminant de la forme quadratique fondamentale. Nous supposerons ce discriminant *essentiellement différent de zéro;* cette condition est, comme il est bien connu, celle qui est nécessaire et suffisante pour que la forme puisse se décomposer en une somme algébrique de carrés de n formes linéaires indépendantes ([1]).

([1]) La forme quadratique est alors dite non dégénérée (*voir* Chapitre I).

On démontre que, dans un changement de variables $(x^i, \overline{x}^i)$, le discriminant se trouve multiplié par le carré du déterminant fonctionnel de la transformation; si donc il est différent de zéro dans un système de variables, il l'est aussi dans tous les autres.

Ceci posé, étant donné un système contrevariant quelconque du premier ordre A^i, formons le produit contracté

$$\mathcal{A}_i = g_{ik} A^k$$

et résolvons les équations ainsi obtenues par rapport aux composantes A^k; on aura des relations de la forme

$$A^i = g^{ik} \mathcal{A}_k,$$

dans lesquelles les coefficients g^{ik} seront les mineurs normalisés du discriminant g [1].

De là il résulte (toujours par application du même théorème) que les quantités g^{ik} sont les composantes d'un système contrevariant du second ordre qui est évidemment également symétrique.

Enfin par multiplication contractée, nous en tirerons le système mixte

$$g^i_k = g^{il} g_{kl} \quad [2],$$

et les relations fondamentales des déterminants démontrent de suite qu'on a

$$g^i_k = \begin{cases} 0 & \text{si} \quad i \neq k, \\ 1 & \text{si} \quad i = k. \end{cases}$$

Les trois systèmes ainsi définis g_{ik}, g^{ki}, g^i_k forment le groupe des *systèmes tensoriels fondamentaux du second ordre* [3].

40. Systèmes associés. Tenseurs. — Deux systèmes du premier

---

[1] C'est-à-dire tels que l'on ait

$$g^{ik} = \frac{(-1^{i+k})}{g} \times \text{mineur relatif à } g_{ik}.$$

[2] Il n'y a pas lieu ici de préciser davantage la place des indices i et k dans le premier membre à cause de la symétrie des systèmes du second membre.

[3] Le système mixte g^i_k jouit de la propriété remarquable d'avoir les mêmes composantes dans tous les systèmes de coordonnées; on l'appelle quelquefois le *système unitaire*.

ordre A^i et $\mathcal{A}_i$ de types différents, tels que ceux que nous avons introduits plus haut, liés par les relations

$$A^i = g^{ik} \mathcal{A}_k$$

ou par les relations équivalentes

$$\mathcal{A}_i = g_{ik} A^k,$$

sont dits des systèmes *associés* ou encore des systèmes *réciproques*.

Si deux systèmes sont égaux, leurs associés sont évidemment égaux. Si l'on forme le produit contracté $A_r B^r$, l'invariant obtenu est le même que si l'on avait opéré avec les réciproques $\mathcal{A}^r \mathcal{B}_r$. Enfin remarquons que, dans le cas particulier important où la forme quadratique fondamentale se réduit à la somme des carrés des différentielles des variables, deux systèmes associés ont les mêmes composantes.

Ces différentes raisons (qui se préciseront plus tard sur les exemples) nous conduiront à regarder deux systèmes associés comme représentant un seul et même être géométrique ayant ainsi à la fois des *composantes* covariantes et des *composantes* contrevariantes, être auquel nous donnerons le nom de *tenseur*.

On représentera alors ces composantes par la même lettre avec une place différente pour l'indice et les formules données plus haut deviendront

$$(7) \qquad \begin{cases} A_i = g_{ik} A^k, \\ A^i = g^{ik} A_k. \end{cases}$$

Quant au tenseur lui-même, nous emploierons pour le représenter la notation (A).

On concrétise les relations (7) en disant que la première réalise *l'abaissement de l'indice*, la deuxième *l'élévation de l'indice*.

Si l'on avait opéré de même en remplaçant les systèmes covariant et contrevariant fondamentaux par le système fondamental mixte, on aurait eu

$$(8) \qquad \begin{cases} A_i = g_i^k A_k, \\ A^i = g_k^i A^k. \end{cases}$$

Le système mixte s'appelle pour cette raison un *opérateur de substitution d'indice*.

Généralisation. — Les règles précédentes d'abaissement et d'élévation d'indices s'appliquent tout aussi bien à des systèmes d'ordre supérieur. On aura par exemple

$$g^{lk} A_{ik} = A_i^{.l}.$$

Naturellement, en général il faut tenir compte de celui des deux indices dont on change la place et par exemple le système

$$g^{lk} A_{ki} = A_{.i}^l$$

sera différent du précédent. Ces deux systèmes mixtes seront cependant identiques si $A_{ik} = A_{ki}$, c'est-à-dire si le système donné est symétrique et il n'y aura alors aucun inconvénient à employer pour les désigner la notation plus simple A_i^l.

On vérifie aussi immédiatement que la succession des deux opérations d'abaissement et d'élévation portant sur un même indice redonne le système primitif.

Ici encore (et de même dans des cas plus généraux) nous parlerons du *tenseur du second ordre* (A) ayant pour composantes de différents types les systèmes tensoriels A_{ik}, $A_i^{.k}$, A^{ik}. En particulier, les trois systèmes tensoriels fondamentaux g_{ik}, g_i^k, g^{ik} définissent le *tenseur fondamental du second ordre* (G) que l'on appelle encore souvent le *tenseur métrique*.

Remarque. — Étant donné un tenseur quelconque (d'ordre au moins égal à 2), on pourra toujours, en appliquant l'opération de la contraction à ses composantes mixtes, en déduire un nouveau tenseur d'ordre inférieur de deux unités au premier. En particulier, de tout tenseur d'ordre pair, on pourra déduire par application répétée de ce procédé un invariant (ou tenseur d'ordre zéro) qui sera dit la *trace* du tenseur primitif. Cette trace n'est du reste unique que pour les tenseurs symétriques ([1]).

41. Règles du « jeu des indices ». — On peut encore énoncer les deux règles suivantes d'application usuelle :

1° Dans tout monome tensoriel où se trouve un indice muet, on peut élever cet indice à partir de sa position inférieure en l'abaissant en même temps à partir de sa position supérieure.

---

[1] Par exemple la trace du tenseur fondamental (G) n'est autre chose que e nombre n des dimensions de l'espace considéré.

Par exemple, le monome $A^r_{.s} B_r$ s'écrira successivement

$$A^r_{.s} B_r = g^{r\rho} g_{r\sigma} A_{\rho s} B^\sigma = g^\rho_\sigma A_{\rho s} B^\sigma = A_{\rho s} B^\rho = A_{rs} B^r.$$

2" Si dans *tous* les termes d'une équation tensorielle figure un même indice *non muet*, on a une équation équivalente en élevant ou en abaissant cet indice dans toutes les positions qu'il occupe ([1]).

Par exemple les équations

$$A^r_{.st} = B^r_{.s} C_t$$

sont équivalentes aux combinaisons qu'on en tire

$$g_{r\rho} A^\rho_{.st} = g_{r\rho} B^\rho_{.s} C_t,$$

donc à

$$A_{rst} = B_{rs} C_t.$$

IV. — LIGNES GÉODÉSIQUES.

42. Définition et équations différentielles des géodésiques. — Nous poursuivrons plus loin l'étude géométrique des espaces que nous venons de définir; nous anticiperons cependant sur elle en introduisant dès maintenant la notion importante de ligne géodésique.

Si nous supposons que les variables x^i sont des fonctions d'un paramètre t, le point qu'elles définissent est *mobile* et décrit une *courbe*. En particulier, l'ensemble de tous les points pour lesquels le paramètre est compris entre deux limites fixes t_0 et t_1 formera un *arc* de la courbe, arc dont la longueur sera donnée conventionnellement par la valeur de l'intégrale définie

$$s = \int_{t_0}^{t_1} \sqrt{g_{ik} \frac{dx^i}{dt} \frac{dx^k}{dt}} \, dt.$$

([1]) Il est à remarquer que notre convention de sommation des indices muets est l'analogue de la règle de contraction; il s'ensuit que tout indice muet doit bien occuper dans tout monome une fois la position haute et une fois la position basse. De même les indices non muets doivent être en même nombre dans tous les monomes d'une équation, y être représentés par les mêmes lettres et y occuper les mêmes places. Ces remarques doivent être regardées comme des compléments aux lois bien connues de l'homogénéité des formules physiques, elles subsistent tant que la généralité des formules n'a pas été détruite par un choix particulier du système de coordonnées.

Cet arc sera susceptible d'être *orienté* et, par suite, nous pourrons définir sa longueur en grandeur et en signe ([1]).

Parmi les courbes de l'espace reliant deux points fixes P_0 et P_1, nous donnerons le nom de *géodésiques* à celles dont la longueur est maximum ou minimum par rapport à celle des courbes voisines. La définition que nous donnons ainsi est évidemment indépendante du système de coordonnées, puisque la notion de longueur en est elle-même indépendante.

Pour déterminer ces courbes, s'il en existe, nous emploierons une méthode classique du calcul des variations ([2]).

Soit L une telle courbe ; nous prendrons comme paramètre pour fixer la position d'un point sur elle l'arc s compté à partir d'une certaine origine, le sens positif étant celui de P_0 à P_1 ; soient de plus s_0 et s_1 les abscisses curvilignes de ces deux derniers points.

Déformons un peu cette courbe en lui conservant les mêmes extrémités. Pour cela, donnons-nous un ensemble de n fonctions continues arbitraires $\xi^i(s)$, s'annulant aux limites s_0 et s_1, et désignons par ε une quantité infiniment petite indépendante de s; le point Q de coordonnées $x^i + \varepsilon\xi^i$ décrira, s variant de s_0 à s_1, une courbe L_1 très voisine de L.

Représentons pour un moment par des lettres accentuées les dérivées par rapport à s et posons

$$\Phi(x, x') = g_{ik} x'^i x'^k.$$

La fonction Φ est identiquement égale à 1 tout le long de la courbe L et elle prend sur la courbe L_1 la valeur

$$\Phi(x + \varepsilon\xi, x' + \varepsilon\xi').$$

Ceci posé, la longueur l de L est évidemment $s_1 - s_0$ et celle

---

([1]) Le choix de la détermination de s ne présentera aucune difficulté si la forme quadratique fondamentale est *définie*. Si, au contraire, elle n'est pas définie, il sera bon de ne considérer que des arcs de courbe restant dans une région de l'espace où elle conserve un signe constant.

Nous supposerons aussi, comme on le fait en géométrie analytique ordinaire, qu'à chaque valeur du paramètre entre t_0 et t_1 correspond un point unique de l'arc et réciproquement, autrement dit que la représentation paramétrique est *propre*.

([2]) *Cf.* t. I, 4e édition, p. 213.

de L_1 est donnée par l'intégrale

$$l_1 = \int_{s_0}^{s_1} \sqrt{\Phi(x + \varepsilon\xi,\ x' + \varepsilon\xi')}\, ds.$$

Développons Φ suivant les puissances croissantes de ε, nous aurons

$$\Phi(x + \varepsilon\xi,\ x' + \varepsilon\xi') = 1 + \varepsilon\left[\xi^i \frac{\partial\Phi}{\partial x^i} + \xi'^i \frac{\partial\Phi}{\partial x'^i}\right] + \varepsilon^2 H,$$

et par suite

$$\sqrt{\Phi(x + \varepsilon\xi,\ x' + \varepsilon\xi')} = 1 + \frac{\varepsilon}{2}\left[\xi^i \frac{\partial\Phi}{\partial x^i} + \xi'^i \frac{\partial\Phi}{\partial x'^i}\right] + \varepsilon^2 K,$$

H et K restant finies quand ε tend vers zéro.

Ceci met immédiatement la différence $l_1 - l$ sous la forme

$$l_1 - l = \frac{\varepsilon}{2}\int_{s_0}^{s_1}\left[\xi^i \frac{\partial\Phi}{\partial x^i} + \xi'^i \frac{\partial\Phi}{\partial x'^i}\right] ds + \varepsilon^2 \int_{s_0}^{s_1} K\, ds,$$

ou encore, en intégrant par parties l'intégrale $\int_{s_0}^{s_1} \xi'^i \frac{\partial\Phi}{\partial x'^i}\, ds$ et en tenant compte du fait que les fonctions ξ^i s'annulent aux extrémités de l'intervalle d'intégration,

$$l_1 - l = \frac{\varepsilon}{2}\int_{s_0}^{s_1} \xi^i\left[\frac{\partial\Phi}{\partial x^i} - \frac{d}{ds}\left(\frac{\partial\Phi}{\partial x'^i}\right)\right] ds + \varepsilon^2 \int_{s_0}^{s_1} K\, ds.$$

Pour que L soit une géodésique, il faut que cette différence garde un signe constant, quelles que soient les fonctions ξ^i et quel que soit ε pourvu qu'il soit suffisamment petit. Ceci ne peut avoir lieu que si le coefficient du terme en ε est nul, ce qui entraîne les conditions

$$(9) \qquad \frac{d}{ds}\left(\frac{\partial\Phi}{\partial x'^i}\right) - \frac{\partial\Phi}{\partial x^i} = 0 \quad (^1).$$

Ces conditions sont évidemment nécessaires; il faudrait les compléter par l'étude du premier terme non nul du développement. Si ce terme correspond à une puissance paire de ε et si l'on peut s'assurer que son coefficient garde le même signe quelles que soient les fonctions ξ^i, on a bien un maximum ou un minimum relatif. Si ces circonstances ne se présentent pas, nous conviendrons de

---

(^{1}) En effet, si les conditions n'étaient pas remplies, il suffirait de prendre des fonctions ξ^i qui soient toujours de même signe que leurs premiers membres pour être sûr que le coefficient de ε soit différent de zéro.

dire, dès que les conditions (9) seront vérifiées, que la longueur l est *stationnaire* et nous donnerons encore par extension le nom de géodésique à la ligne L correspondante.

Il est maintenant facile d'expliciter les relations que nous venons de trouver, en remplaçant la fonction Φ par sa valeur; elles deviendront

$$\frac{d}{ds}\left(2 g_{ik}\frac{dx^k}{ds}\right) - \frac{\partial g_{rs}}{\partial x^i}\frac{dx^r}{ds}\frac{dx^s}{ds} = 0$$

ou bien

$$g_{ik}\frac{d^2 x^k}{ds^2} + \frac{\partial g_{ik}}{\partial x^h}\frac{dx^h}{ds}\frac{dx^k}{ds} - \frac{1}{2}\frac{\partial g_{rs}}{\partial x^i}\frac{dx^r}{ds}\frac{dx^s}{ds} = 0. \quad (^1).$$

Or, le deuxième groupe de termes de cette équation s'écrit successivement, par changement du nom des indices muets,

$$\frac{\partial g_{ik}}{\partial x^h}\frac{dx^h}{ds}\frac{dx^k}{ds} = \frac{\partial g_{ir}}{\partial x^s}\frac{dx^s}{ds}\frac{dx^r}{ds}$$

$$= \frac{\partial g_{is}}{\partial x^r}\frac{dx^r}{ds}\frac{dx^s}{ds} = \frac{1}{2}\left(\frac{\partial g_{ir}}{\partial x^s} + \frac{\partial g_{is}}{\partial x^r}\right)\frac{dx^r}{ds}\frac{dx^s}{ds},$$

ce qui donne aux équations des géodésiques la forme

$$g_{ik}\frac{d^2 x^k}{ds^2} + \frac{1}{2}\left(\frac{\partial g_{ir}}{\partial x^s} + \frac{\partial g_{is}}{\partial x^r} - \frac{\partial g_{rs}}{\partial x^i}\right)\frac{dx^r}{ds}\frac{dx^s}{ds} = 0$$

ou encore

$$(9') \qquad g_{ik}\frac{d^2 x^k}{ds^2} + \left[\begin{matrix} r & s \\ & i & \end{matrix}\right]\frac{dx^r}{ds}\frac{dx^s}{ds} = 0,$$

en convenant de poser

$$\left[\begin{matrix} r & s \\ & i & \end{matrix}\right] = \frac{1}{2}\left(\frac{\partial g_{ir}}{\partial x^s} + \frac{\partial g_{is}}{\partial x^r} - \frac{\partial g_{rs}}{\partial x^i}\right).$$

Enfin en multipliant les équations différentielles $(9')$ par g^{it} (multiplication suivie automatiquement de sommation par rapport à i devenu indice muet) on leur donnera la forme

$$(9'') \qquad \frac{d^2 x^t}{ds^2} + \left\{\begin{matrix} r & s \\ & t & \end{matrix}\right\}\frac{dx^r}{ds}\frac{dx^s}{ds} = 0,$$

en convenant de poser

$$\left\{\begin{matrix} r & s \\ & t & \end{matrix}\right\} = g^{it}\left[\begin{matrix} r & s \\ & i & \end{matrix}\right].$$

On obtient ainsi un système de n équations différentielles du

---

(^{1}) Ne pas confondre s indice avec s longueur d'arc.

second ordre caractérisant les géodésiques. En réalité, parmi ces équations, $n - 1$ seulement sont indépendantes, car en les prenant sous la forme $(9')$, en les multipliant respectivement par $\dfrac{dx^i}{ds}$ et en faisant les sommations implicitement contenues dans notre convention d'indices muets, on trouve un résultat identiquement nul, en vertu de la relation

$$g_{ik}\frac{dx^i}{ds}\frac{dx^k}{ds} = 1,$$

qui exprime que s est l'arc de la courbe.

En éliminant ds entre cette dernière relation et $n - 1$ des équations précédentes, on obtient un système de $n - 1$ équations différentielles du second ordre, permettant de déterminer $n - 1$ des inconnues x^i en fonction de la $n^{\text{ième}}$. L'ensemble des courbes intégrales dépendra ainsi de $2n - 2$ paramètres.

43. Symboles de Christoffel. Leurs propriétés. — Les expressions que nous venons d'être conduits à introduire et dont nous répétons les formules de définition

$$(10)\qquad \left[\begin{matrix} r & s \\ & i \end{matrix}\right] = \frac{1}{2}\left(\frac{\partial g_{ir}}{\partial x^s} + \frac{\partial g_{is}}{\partial x^r} - \frac{\partial g_{rs}}{\partial x^i}\right),$$

$$(11)\qquad \left\{\begin{matrix} r & s \\ & t \end{matrix}\right\} = g^{it}\left[\begin{matrix} r & s \\ & i \end{matrix}\right]$$

portent le nom de *symboles de Christoffel de première et deuxième espèce* ([1]).

Ces symboles jouissent tout d'abord des deux propriétés de symétrie évidentes caractérisées par les équations

$$(12)\qquad \left[\begin{matrix} r & s \\ & i \end{matrix}\right] = \left[\begin{matrix} s & r \\ & i \end{matrix}\right],$$

$$(13)\qquad \left\{\begin{matrix} r & s \\ & t \end{matrix}\right\} = \left\{\begin{matrix} s & r \\ & t \end{matrix}\right\}.$$

En plus, on peut encore noter les deux formules suivantes dont

---

([1]) Il ne faut pas se fier à la simplicité apparente de formules telles que celles-ci. Ce qui est donné, ce sont les fonctions g_{ik} des variables x^i; les symboles de première espèce sont donc d'un calcul simple; au contraire, ceux de deuxième espèce nécessitent le calcul, souvent assez long, des g^{ik}, et le nombre des termes contenus dans le membre de droite de la seconde formule peut être considérable puisqu'il représente une somme étendue à toutes les valeurs $i = 1, 2, 3, \ldots, n$ de l'indice muet i.

la démonstration est également immédiate :

$$(14) \qquad \left[\begin{matrix} r & \ & s \\ & t & \end{matrix} \right] + \left[\begin{matrix} t & \ & s \\ & r & \end{matrix} \right] = \frac{\partial g_{rt}}{\partial x^s},$$

$$(15) \qquad \left[\begin{matrix} r & \ & s \\ & k & \end{matrix} \right] = g_{tk} \left\{ \begin{matrix} r & \ & s \\ & t & \end{matrix} \right\}.$$

44. Transformation des symboles de Christoffel dans un changement de variables. Formules de Christoffel. — Si nous cherchons les équations différentielles des lignes géodésiques dans un autre système de variables $\overline{x}^i$, elles s'écriront évidemment de la même façon que les équations $(9'')$ et formeront un système équivalent.

Cette remarque va nous permettre de trouver les relations qui existent entre les symboles de Christoffel calculés dans les deux systèmes de coordonnées.

Partons en effet des équations $(9'')$ sous la forme

$$\frac{d^2 x^l}{ds^2} + \left\{ \begin{matrix} r & \ & s \\ & l & \end{matrix} \right\} \frac{dx^r}{ds} \frac{dx^s}{ds} = 0,$$

et faisons-y le changement de variables $(x^i, \overline{x}^i)$; nous aurons successivement

$$\frac{dx^l}{ds} = x^l_{\rho} \frac{d\overline{x}^\rho}{ds},$$

$$\frac{d^2 x^l}{ds^2} = x^l_{\rho} \frac{d^2 \overline{x}^\rho}{ds^2} + x^l_{\rho\sigma} \frac{d\overline{x}^\rho}{ds} \frac{d\overline{x}^\sigma}{ds},$$

en posant par une notation analogue à celle des dérivées premières

$$x^l_{\rho\sigma} = \frac{\partial^2 x^l}{\partial \overline{x}^\rho \, \partial \overline{x}^\sigma}.$$

Les équations en question deviennent alors

$$x^l_{\rho} \frac{d^2 \overline{x}^\rho}{ds^2} + \left[x^l_{\rho\sigma} + \left\{ \begin{matrix} r & \ & s \\ & l & \end{matrix} \right\} x^r_{\rho} x^s_{\sigma} \right] \frac{d\overline{x}^\rho}{ds} \frac{d\overline{x}^\sigma}{ds} = 0.$$

Multiplions encore ces équations par $\overline{x}^\tau_l$ (avec sommation par rapport à l devenu indice muet), elles deviennent

$$\frac{d^2 \overline{x}^\tau}{ds^2} + \left[\overline{x}^\tau_l x^l_{\rho\sigma} + \overline{x}^\tau_l x^r_{\rho} x^s_{\sigma} \left\{ \begin{matrix} r & \ & s \\ & l & \end{matrix} \right\} \right] \frac{d\overline{x}^\rho}{ds} \frac{d\overline{x}^\sigma}{ds} = 0.$$

En comparant avec les équations différentielles des géodésiques écrites dans le système $\overline{x}^i$:

$$\frac{d^2\overline{x}^\tau}{ds^2} + \overline{\left\{ \begin{matrix} \rho & \sigma \\ & \tau \end{matrix} \right\}} \frac{d\overline{x}^\rho}{ds} \frac{d\overline{x}^\sigma}{ds} = 0,$$

on a entre les symboles la relation

$$(16) \qquad \overline{\left\{ \begin{matrix} \rho & \sigma \\ & \tau \end{matrix} \right\}} = \overline{x}_l^\tau\, \underline{x}_\rho^r\, \underline{x}_\sigma^s \left\{ \begin{matrix} r & s \\ & l \end{matrix} \right\} + \overline{x}^\tau\, \underline{x}_{\rho\sigma}^l \quad (^1).$$

Ces formules fondamentales portent le nom de *formules de Christoffel*. On les écrit souvent sous une forme un peu différente en multipliant les relations précédentes par $\underline{x}_\tau^t$ (avec sommation en τ), ce qui donne immédiatement

$$(16') \qquad \underline{x}_\tau^t\, \overline{\left\{ \begin{matrix} \rho & \sigma \\ & \tau \end{matrix} \right\}} = \underline{x}_\rho^r\, \underline{x}_\sigma^s \left\{ \begin{matrix} r & s \\ & t \end{matrix} \right\} + \underline{x}_{\rho\sigma}^t \quad (^2).$$

Remarques. — 1° Les symboles de Christoffel *ne sont pas des systèmes tensoriels* et la place des indices n'a aucune signification de covariance ou de contrevariance. Les formules de transformation que nous venons de trouver ne coïncideraient avec des équations de transformation tensorielle que si les dérivées partielles secondes $\underline{x}_{\rho\sigma}^t$ étaient nulles, c'est-à-dire si l'on se bornait au groupe des substitutions linéaires. *Dans ce cas seulement*, les symboles de deuxième espèce seraient covariants par rapport aux indices supérieurs et contrevariants par rapport à l'indice inférieur et d'après (15) les symboles de première espèce seraient covariants par rapport à tous leurs indices.

(¹) Dans ces formules, le trait surmontant les symboles sert, comme cela a toujours eu lieu jusqu'à présent, à distinguer les quantités calculées dans le système des variables $\overline{x}^i$ de celles calculées dans le système des variables x^i.

(²) Ces formules ont été trouvées par Christoffel, par une méthode différente, dans un Mémoire consacré à l'équivalence des formes quadratiques (*Journal de Crelle*, t. LXX, 1869). Christoffel se donnait *a priori* deux formes quadratiques de différentielles et cherchait à quelles conditions on pouvait trouver un changement de variables permettant de passer de l'une à l'autre. Nous aurons l'occasion d'étudier ce problème dans un cas particulier; le lecteur pourra du reste se reporter, en plus du mémoire original que nous venons de citer, à Bianchi (*Lezioni di geometria differenziale*, 3ᵃ ed., t. I, 1922) où le cas des surfaces ($n = 2$) est plus spécialement approfondi.

Pour mettre en évidence ce caractère tensoriel *relatif* des symboles certains auteurs emploient de préférence les notations suivantes :

$$\left[\begin{matrix} r & & s \\ & t & \end{matrix}\right] = \Gamma_{trs} \qquad \text{et} \qquad \left\{\begin{matrix} r & & s \\ & t & \end{matrix}\right\} = \Gamma^{t}_{.rs},$$

à la place de celles dont nous nous servons ici et qui sont les notations originales de Christoffel.

2° On aurait naturellement pu échanger dans les calculs précédents les rôles des variables x^i et $\overline{x}^i$ et l'on aurait obtenu des formules

$$(16'') \qquad \left\{\begin{matrix} \rho & & \sigma \\ & \tau & \end{matrix}\right\} = \underline{x}^{-}_{i}\,\overline{x}'_{\rho}\,\overline{x}^{s}_{\sigma}\overline{\left\{\begin{matrix} r & & s \\ & l & \end{matrix}\right\}} + \underline{x}^{-}_{i}\,\overline{x}'_{\rho\sigma},$$

que l'on déduit du reste des formules (16) par le procédé mentionné plus haut (p. 31, note 1).

V. — ANALYSE TENSORIELLE.

45. Objet du paragraphe. — Dans les paragraphes précédents, nous nous sommes toujours placés à un point de vue purement *local :* les tenseurs sur lesquels nous raisonnions étaient essentiellement attachés *au même point* de la multiplicité. Jusqu'à présent cela n'a pour nous aucun sens de parler de tenseurs égaux ou inégaux lorsqu'ils sont attachés à des points différents.

Prenons par exemple deux systèmes covariants du premier ordre :

$$A_r \text{ attaché au point P de coordonnées } x^i,$$
$$A'_r \qquad \text{»} \qquad P' \qquad \text{»} \qquad x'^i;$$

on pourrait être tenté de dire qu'ils définissent deux tenseurs égaux si les composantes de même indice sont égales; mais cette définition est évidemment vicieuse, car elle ne se conserve pas dans un changement de variables. Avec d'autres variables en effet on aurait

$$\overline{A}_r = \underline{x}^{\rho}_r A_\rho \qquad \text{et} \qquad \overline{A}'_r = \underline{x}'^{\rho}_r A'_\rho,$$

et l'égalité de A_r et de A'_r n'entraîne celle de $\overline{A}_r$ et de $\overline{A}'_r$ que si les dérivées partielles $\underline{x}^{\rho}_r$ et $\underline{x}'^{\rho}_r$, prises respectivement au point P et au point P' ont des valeurs égales ; cela se produit en particulier si l'on se borne à des substitutions linéaires sur les variables, mais cela n'a pas lieu dans le cas général.

Pour approfondir cette question, conformément à l'esprit des méthodes de la géométrie infinitésimale, nous allons chercher à comparer deux tenseurs attachés à des points très voisins, ce qui nous conduira à la notion fondamentale de dérivation tensorielle.

Champ de tenseurs. — Nous supposerons que, dans un certain domaine de la multiplicité, nous ayons défini un tenseur dont les composantes des différents types soient des fonctions continues et pourvues de dérivées des coordonnées du point auquel le tenseur est attaché. Nous appellerons un tel ensemble un *champ de tenseurs*.

46. Dérivation covariante. — Si nous considérons en particulier un champ d'invariants, aucune difficulté ne se présente pour en comparer la valeur en des points voisins ; l'invariant aura la valeur f au point $P(x^i)$, la valeur $f + df$ au point $P'(x^i + dx^i)$ et l'accroissement

$$df = \frac{\partial f}{\partial x^i}\, dx^i$$

est lui-même un invariant ; l'opération de la dérivation partielle ordinaire met donc en évidence un nouveau système tensoriel covariant du premier ordre qui sera dit *dérivé de l'invariant*.

Mais ce procédé simple ne s'applique plus dès que l'ordre du système considéré est supérieur à zéro ; dans le cas d'un système covariant du premier ordre par exemple, le raisonnement que nous venons de faire quelques lignes plus haut montre que les accroissements de ses composantes n'ont aucune signification indépendante du système des coordonnées.

Il en est de même naturellement des dérivées partielles ordinaires qui se transforment d'après la loi

$$\frac{\partial \overline{A}_r}{\partial x'^s} = x'^\rho_r x'^\sigma_s \frac{\partial A_\rho}{\partial x^\sigma} + x'^\rho_{rs} A_\rho.$$

Il y a cependant lieu de remarquer que ce procédé met en évidence un système tensoriel bien connu, doublement covariant, de composantes

$$\frac{\partial A_r}{\partial x^s} - \frac{\partial A_s}{\partial x^r},$$

qui est le *rotationnel* du système primitif; mais là encore il s'agit d'une propriété particulière, spéciale aux systèmes covariants du premier ordre.

Pour définir d'une façon intrinsèque un procédé de dérivation général, nous opérerons de la manière suivante.

Système covariant du premier ordre. — Soit un système covariant du premier ordre de composantes A_r; nous joindrons les points P et P′ par un arc de géodésique de longueur très petite que nous orienterons dans le sens PP′; les paramètres directeurs $\frac{dx^r}{ds}$ de la tangente en un point de cette géodésique forment, comme l'on sait, un système tensoriel contrevariant. Nous formerons alors l'invariant

$$A_r \frac{dx^r}{ds}.$$

Dans le passage du point P au point P′, cet invariant subira l'accroissement

$$d\left(A_r \frac{dx^r}{ds}\right) = \frac{dx^r}{ds}\, dA_r + A_r \frac{d^2 x^r}{ds^2}\, ds,$$

qui a lui-même un sens indépendant des variables.

Or, le long de la géodésique considérée, on a

$$\frac{d^2 x^r}{ds^2} + \left\{\begin{matrix} k & \lambda \\ & r & \end{matrix}\right\} \frac{dx^k}{ds} \frac{dx^\lambda}{ds} = 0,$$

et l'accroissement ci-dessus peut encore s'écrire (en permutant dans le dernier terme les indices muets r et λ)

$$d\left(A_r \frac{dx^r}{ds}\right) = \left[\frac{\partial A_r}{\partial x^k} - \left\{\begin{matrix} k & r \\ \lambda & \end{matrix}\right\} A_\lambda\right] \frac{dx^r}{ds} \frac{dx^k}{ds}\, ds.$$

Il s'ensuit que les expressions

$$\frac{\partial A_r}{\partial x^k} + \frac{\partial A_k}{\partial x^r} - 2 \left\{\begin{matrix} k & r \\ \lambda & \end{matrix}\right\} A_\lambda,$$

coefficients des termes en $dx^r\, dx^k$ dans la formule précédente, constituent un système tensoriel covariant du second ordre (*voir* page 34, note 1).

Mais d'autre part, comme nous l'avons remarqué plus haut, les différences

$$\frac{\partial A_r}{\partial x^k} - \frac{\partial A_k}{\partial x^r}$$

forment aussi un système de même type et nous en déduisons par addition qu'il en est encore de même pour les expressions

$$(17) \qquad \Delta_k A_r = \frac{\partial A_r}{\partial x^k} - \left\{ \begin{matrix} k & r \\ & \lambda \end{matrix} \right\} A_\lambda.$$

Nous appellerons les fonctions qui composent ce système les *dérivées partielles covariantes* des fonctions A_r (1).

Si, en un point déterminé du champ, toutes ces dérivées covariantes se trouvent être nulles, nous dirons que le système A_r est *stationnaire* au point considéré.

Système contrevariant du premier ordre. — Prenons maintenant un système contrevariant du premier ordre A^r; nous ferons choix d'un système covariant ξ_r quelconque mais stationnaire au point P et nous formerons l'invariant $A^r \xi_r$.

Son accroissement, dans le passage de P à P', s'écrira successivement

$$d(A^r \xi_r) = \frac{\partial A^r}{\partial x^k} \xi_r\, dx^k + A^r \frac{\partial \xi_r}{\partial x^k} dx^k = \left[\frac{\partial A^r}{\partial x^k} + \left\{ \begin{matrix} k & \lambda \\ & r \end{matrix} \right\} A^\lambda \right] \xi_r\, dx^k.$$

Cette égalité, qui a un caractère tensoriel quelles que soient les valeurs des fonctions ξ_r au point P, met en évidence le système tensoriel mixte

$$(18) \qquad \Delta_k A^r = \frac{\partial A^r}{\partial x^k} + \left\{ \begin{matrix} k & \lambda \\ & r \end{matrix} \right\} A^\lambda$$

dont les composantes seront encore les *dérivées partielles covariantes* des fonctions A^r. Le système contrevariant sera de même dit *stationnaire* au point P si toutes les expressions $\Delta_k A^r$ sont nulles en ce point.

---

(1) Certains auteurs représentent ces dérivées covariantes par la notation $A_{r,k}$ ou même A_{rk}; nous préférons celle ci-dessus (employée par M. Galbrun) qui met mieux en évidence le rôle particulier joué par l'indice k de dérivation.

Système tensoriel quelconque. — Enfin nous passerons facilement de là au cas général. Montrons-le sur un exemple et prenons un système mixte du troisième ordre du type $A^r_{.st}$.

Nous choisirons trois systèmes du premier ordre ξ_r, η^s, ζ^t, arbitraires mais tous trois stationnaires au point P.

Nous formerons encore l'invariant $A^r_{.st}\xi_r\eta^s\zeta^t$ dont l'accroissement s'écrira

$$d(A^r_{.st}\xi_r\eta^s\zeta^t) = \left[\frac{\partial A^r_{.st}}{\partial x^k}\xi_r\eta^s\zeta^t\right.$$
$$\left. + A^r_{.st}\frac{\partial\xi_r}{\partial x^k}\eta^s\zeta^t + A^r_{.st}\xi_r\frac{\partial\eta^s}{\partial x^k}\zeta^t + A^r_{.st}\xi_r\eta^s\frac{\partial\zeta^t}{\partial x^k}\right]dx^k$$

$$= \left[\frac{\partial A^r_{.st}}{\partial x^k} + \begin{Bmatrix} k & \lambda \\ & r \end{Bmatrix}A^{\lambda}_{.st}\right.$$
$$\left. - \begin{Bmatrix} k & s \\ \lambda & \end{Bmatrix}A^r_{.\lambda t} - \begin{Bmatrix} k & t \\ \lambda & \end{Bmatrix}A^r_{.s\lambda}\right]\xi_r\eta^s\zeta^t\,dx^k,$$

ce qui met en évidence le système tensoriel

$$(19) \qquad \Delta_k A^r_{.st} = \frac{\partial A^r_{.st}}{\partial x^k} + \begin{Bmatrix} k & \lambda \\ & r \end{Bmatrix}A^{\lambda}_{.st} - \begin{Bmatrix} k & s \\ \lambda & \end{Bmatrix}A^r_{.\lambda t} - \begin{Bmatrix} k & t \\ \lambda & \end{Bmatrix}A^r_{.s\lambda},$$

formé des *dérivées partielles covariantes* des fonctions $A^r_{.st}$ ([1]).

Remarques. — 1° La formule (19) contient naturellement comme cas particuliers les formules (17) et (18) en supposant que certains indices viennent à manquer; on peut même encore l'appliquer à un invariant, en convenant qu'alors la dérivation covariante coïncidera avec la dérivation partielle ordinaire.

2° S'il existe un système de variables particulier dans lequel les g_{ik} soient des constantes, et que l'on opère dans ce système, les symboles de Christoffel seront naturellement nuls et, *quel que soit le système tensoriel considéré*, la dérivation covariante se réduira à la dérivation partielle ordinaire.

3° Il est bon de remarquer que la dérivation covariante n'est définie que si la forme quadratique fondamentale est donnée, il

---

([1]) Le lecteur pourra vérifier, à titre d'exercice, en partant des formules (6) et en se servant des formules de Christoffel, que le système (19) présente bien le caractère tensoriel covariant par rapport aux indices k, s, t, contrevariant par rapport à l'indice r.

serait par suite plus correct de l'appeler dérivation covariante selon la forme quadratique $g_{ik}\,dx^i\,dx^k$.

47. Propriétés générales de la dérivation covariante. — Une première remarque évidente consiste dans le fait que ce procédé de dérivation covariante, appliqué à un champ de systèmes tensoriels dont les composantes sont constantes, ne conduit pas à un système dérivé identiquement nul. Il n'y a du reste rien là qui doive nous étonner puisque nous avons déjà remarqué que la propriété pour un système d'avoir des composantes égales en deux points différents de la multiplicité n'était pas indépendante du système de coordonnées.

Dérivée d'un produit extérieur. — Cette dérivée s'obtiendra par la même règle que pour la dérivation ordinaire.

Prenons par exemple un système tensoriel du troisième ordre

$$A^r_{.st} = B^r_{.s} C_t,$$

on aura successivement

$$\Delta_u(B^r_{.s} C_t) = B^r_{.s}\frac{\partial C_t}{\partial x^u} + C_t\frac{\partial B^r_{.s}}{\partial x^u}$$

$$+ \left\{{}^{\lambda}_{\ r}{}^{u}\right\} B^{\lambda}_{.s} C_t - \left\{{}^{s}_{\ \lambda}{}^{u}\right\} B^r_{.\lambda} C_t - \left\{{}^{t}_{\ \lambda}{}^{u}\right\} B^r_{.s} C_{\lambda}$$

$$= B^r_{.s}\left[\frac{\partial C_t}{\partial x^u} - \left\{{}^{t}_{\ \lambda}{}^{u}\right\} C_{\lambda}\right]$$

$$+ C_t\left[\frac{\partial B^r_{.s}}{\partial x^u} + \left\{{}^{\lambda}_{\ r}{}^{u}\right\} B^{\lambda}_{.s} - \left\{{}^{s}_{\ \lambda}{}^{u}\right\} B^r_{.\lambda}\right]$$

$$= B^r_{.s}\Delta_u C_t + C_t\Delta_u B^r_{.s}.$$

La dérivation covariante et la contraction sont deux opérations permutables. — En effet, partons par exemple du système $A^r_{.st}$, par dérivation il devient

$$\frac{\partial A^r_{.st}}{\partial x^u} + \left\{{}^{\lambda}_{\ r}{}^{u}\right\} A^{\lambda}_{.st} - \left\{{}^{s}_{\ \lambda}{}^{u}\right\} A^r_{.\lambda t} - \left\{{}^{t}_{\ \lambda}{}^{u}\right\} A^r_{.s\lambda}.$$

Faisons maintenant la contraction $r = t$, le deuxième et le quatrième terme, qui ne diffèrent que par les noms des indices muets qui y figurent, se détruisent et la formule précédente se réduit à

$$\frac{\partial A^r_{.sr}}{\partial x^u} - \left\{{}^{s}_{\ \lambda}{}^{u}\right\} A^r_{.\lambda r},$$

ce qui est bien le résultat que l'on aurait trouvé si l'on avait dérivé le système, d'abord contracté, A^r_{sr}.

Conséquence immédiate. — La dérivée covariante d'un *produit mixte* s'obtient encore par la même règle que la dérivée ordinaire d'un produit.

Théorème de Ricci. — *Les dérivées covariantes des systèmes fondamentaux du second ordre sont nulles.*

1° Prenons d'abord le système covariant g_{ik}, on aura

$$\Delta_u g_{ik} = \frac{\partial g_{ik}}{\partial x^u} - \left\{ \begin{matrix} i & u \\ & \lambda \end{matrix} \right\} g_{\lambda k} - \left\{ \begin{matrix} k & u \\ & \lambda \end{matrix} \right\} g_{i\lambda}$$

ou encore

$$\Delta_u g_{ik} = \frac{\partial g_{ik}}{\partial x^u} - \left[\begin{matrix} i & u \\ k & \end{matrix} \right] - \left[\begin{matrix} k & u \\ i & \end{matrix} \right],$$

et le second membre est identiquement nul en vertu de la formule (14).

2° Il en sera encore de même pour le système fondamental mixte g^k_i car, dans le développement de l'expression $\Delta_u g^k_i$, la dérivée partielle sera nulle (puisque dans tout système de variables les composantes du système mixte sont des constantes) et les deux termes suivants, ne différant que par des noms d'indices muets, se détruiront.

3° Prenons maintenant le système contrevariant g^{ik}, il est relié aux précédents par la relation

$$g^{ik} g_{kl} = g^i_l;$$

prenons la dérivée covariante des deux membres de cette équation, nous aurons en vertu des théorèmes qui viennent d'être démontrés

$$g_{kl} \Delta_u g^{ik} \equiv 0.$$

Or, puisque le déterminant $\| g_{kl} \|$ est différent de zéro, ceci entraîne

$$\Delta_u g^{ik} \equiv 0.$$

Remarque. — Si l'on explicite cette dernière relation on obtient l'identité qui peut être utile

$$(20) \qquad \frac{\partial g^{ik}}{\partial x^u} + \left\{ \begin{matrix} \lambda & u \\ i & \end{matrix} \right\} g^{\lambda k} + \left\{ \begin{matrix} \lambda & u \\ k & \end{matrix} \right\} g^{i\lambda} \equiv 0.$$

Conséquence immédiate : L'abaissement, l'élévation et la substitution d'indices sont des opérations permutables avec la dérivation covariante.

48. Dérivation contrevariante. — L'opération de l'élévation, appliquée à l'indice de dérivation, nous conduira à de nouveaux systèmes dérivés

$$(21) \qquad \Delta^k \text{(système quelconque)} = g^{k\lambda} \Delta_\lambda \text{(même système)}$$

dont les composantes seront dites les *dérivées partielles contrevariantes* des fonctions constituant le système primitif.

Les propriétés que nous avons démontrées précédemment, ainsi que le théorème de Ricci ([1]), s'étendent immédiatement à la dérivation contrevariante. Il y a cependant lieu de faire remarquer que la dérivée contrevariante ne se réduira à la dérivée ordinaire que si les g_{ki} sont non seulement des constantes, mais ont les valeurs particulières

$$g_{ik} = \begin{cases} 0 & \text{si} \quad i \neq k, \\ 1 & \text{si} \quad i = k. \end{cases}$$

Cette particularité se présente même si l'on applique cette remarque au cas d'un invariant.

49. Dérivation tensorielle. — L'étude précédente nous montre que les systèmes dérivés, covariants ou contrevariants, sont au fond des systèmes tensoriels ordinaires sur lesquels on peut effectuer toutes les opérations définies au début de ce Chapitre relativement au jeu des indices. Nous pourrons alors regarder le système dérivé comme constituant les composantes d'un tenseur qui s'appellera le *dérivé tensoriel* du tenseur défini par le système soumis à la dérivation.

Par exemple, le tenseur du premier ordre (A) qui a des composantes covariantes A_r et des composantes contrevariantes A^r aura

---

([1]) Le théorème de Ricci revient à dire que les systèmes fondamentaux du second ordre sont *stationnaires* dans tout l'espace; ils jouent relativement à la dérivation covariante le même rôle que des constantes par rapport à la dérivation ordinaire.

pour dérivé tensoriel le tenseur (ΔA) ayant pour composantes des différents types les systèmes $\Delta_s A_r$, $\Delta_s A^r$, $\Delta^s A_r$, $\Delta^s A^r$ (¹).

VI. — DÉRIVATIONS COVARIANTES SUCCESSIVES.
TENSEUR DE RIEMANN-CHRISTOFFEL.

50. Influence de l'ordre des dérivations. — On peut appliquer plusieurs fois de suite le processus de la dérivation covariante, on obtiendra ainsi des dérivées d'ordre supérieur et il est tout naturel de se demander quelle est l'influence de l'ordre des dérivations.

Lorsqu'on part d'un invariant, on voit tout de suite que les dérivées secondes sont indépendantes de l'ordre dans lequel on effectue les deux dérivations; on a en effet

$$\Delta_r f = \frac{\partial f}{\partial x^r},$$

et par suite

$$\Delta_s(\Delta_r f) = \frac{\partial^2 f}{\partial x^r \, \partial x^s} - \begin{Bmatrix} r & s \\ & \lambda \end{Bmatrix} \frac{\partial f}{\partial x^\lambda},$$

et le second membre est évidemment symétrique en r et s.

Au contraire il n'en est plus de même quand on part d'un tenseur quelconque. Pour le montrer effectuons le calcul dans le cas d'un système covariant du premier ordre A_r.

On aura

$$\Delta_s A_r = \frac{\partial A_r}{\partial x^s} - \begin{Bmatrix} r & s \\ & \lambda \end{Bmatrix} A_\lambda,$$

puis

$$\Delta_t(\Delta_s A_r) = \frac{\partial(\Delta_s A_r)}{\partial x^t} - \begin{Bmatrix} s & t \\ & \mu \end{Bmatrix} \Delta_\mu A_r - \begin{Bmatrix} r & t \\ & \mu \end{Bmatrix} \Delta_s A_\mu,$$

ou encore

$$\Delta_t(\Delta_s A_r) = \frac{\partial^2 A_r}{\partial x^s \, \partial x^t} - \begin{Bmatrix} r & s \\ & \lambda \end{Bmatrix} \frac{\partial A_\lambda}{\partial x^t} - \frac{\partial \begin{Bmatrix} r & s \\ & \lambda \end{Bmatrix}}{\partial x^t} A_\lambda$$

$$- \begin{Bmatrix} s & t \\ & \mu \end{Bmatrix} \frac{\partial A_r}{\partial x^\mu} + \begin{Bmatrix} s & t \\ & \mu \end{Bmatrix} \begin{Bmatrix} r & \mu \\ & \lambda \end{Bmatrix} A_\lambda$$

$$- \begin{Bmatrix} r & t \\ & \mu \end{Bmatrix} \frac{\partial A_\mu}{\partial x^s} + \begin{Bmatrix} r & t \\ & \mu \end{Bmatrix} \begin{Bmatrix} \mu & s \\ & \lambda \end{Bmatrix} A_\lambda.$$

(¹) Remarquons, sur ce cas particulier du tenseur du premier ordre, que si le rotationnel $\dfrac{\partial A_r}{\partial x^s} - \dfrac{\partial A_s}{\partial x^r}$ est nul en un point, le tenseur dérivé en ce point est symétrique $(\Delta_s A_r = \Delta_r A_s)$.

De même, en permutant s et t,

$$\Delta_s(\Delta_t A_r) = \frac{\partial^2 A_r}{\partial x^t \, \partial x^s} - \begin{Bmatrix} r & t \\ & \lambda \end{Bmatrix} \frac{\partial A_\lambda}{\partial x^s} - \frac{\partial \begin{Bmatrix} r & t \\ & \lambda \end{Bmatrix}}{\partial x^s} A_\lambda$$

$$- \begin{Bmatrix} t & s \\ & \mu \end{Bmatrix} \frac{\partial A_r}{\partial x^\mu} + \begin{Bmatrix} t & s \\ & \mu \end{Bmatrix} \begin{Bmatrix} r & \mu \\ & \lambda \end{Bmatrix} A_\lambda$$

$$- \begin{Bmatrix} r & s \\ & \mu \end{Bmatrix} \frac{\partial A_\mu}{\partial x^t} + \begin{Bmatrix} r & s \\ & \mu \end{Bmatrix} \begin{Bmatrix} \mu & t \\ & \lambda \end{Bmatrix} A_\lambda.$$

En formant la différence, on voit tout de suite que les termes surmontés d'un même nombre d'astérisques se détruisent et il vient

$$(22) \quad \Delta_t(\Delta_s A_r) - \Delta_s(\Delta_t A_r)$$

$$= A_\lambda \left[\frac{\partial \begin{Bmatrix} r & t \\ & \lambda \end{Bmatrix}}{\partial x^s} - \frac{\partial \begin{Bmatrix} r & s \\ & \lambda \end{Bmatrix}}{\partial x^t} + \begin{Bmatrix} r & t \\ & \mu \end{Bmatrix} \begin{Bmatrix} \mu & s \\ & \lambda \end{Bmatrix} - \begin{Bmatrix} r & s \\ & \mu \end{Bmatrix} \begin{Bmatrix} \mu & t \\ & \lambda \end{Bmatrix} \right].$$

Cette égalité montre immédiatement, par application du criterium dont nous nous sommes déjà si souvent servis, que la quantité entre crochets représente une des composantes d'un tenseur du quatrième ordre, covariante par rapport aux indices r, s, t, contrevariante par rapport à l'indice λ.

Nous poserons donc, en changeant les notations,

$$(23) \quad R^\alpha_{.\beta\gamma\delta} = \frac{\partial \begin{Bmatrix} \beta & \delta \\ & \alpha \end{Bmatrix}}{\partial x^\gamma} + \begin{Bmatrix} \beta & \delta \\ & \mu \end{Bmatrix} \begin{Bmatrix} \mu & \gamma \\ & \alpha \end{Bmatrix} - \frac{\partial \begin{Bmatrix} \beta & \gamma \\ & \alpha \end{Bmatrix}}{\partial x^\delta} - \begin{Bmatrix} \beta & \gamma \\ & \mu \end{Bmatrix} \begin{Bmatrix} \mu & \delta \\ & \alpha \end{Bmatrix},$$

et nous appellerons le tenseur important, qui s'introduit ici, le *tenseur de Riemann-Christoffel* ([1]).

Remarques. — 1° La formule (22), qui s'écrit encore

$$(22') \qquad\qquad \Delta_t(\Delta_s A_r) - \Delta_s(\Delta_t A_r) = A_\lambda R^\lambda_{.rst},$$

montre bien qu'en général l'ordre des dérivations n'est pas indifférent. Il le serait cependant si les g_{ik} étaient des constantes, ce qui du reste est évident puisque, dans ce cas, la dérivation covariante se confond avec la dérivation ordinaire.

([1]) Christoffel, dans le Mémoire déjà cité, le représente par la notation $\{\,\alpha\beta,\ \gamma\delta\,\}$; on lui donne souvent aussi le nom de *symbole à quatre indices de deuxième espèce de Christoffel*. Comme ces quantités ont un caractère tensoriel général, il est tout indiqué ici de leur appliquer la notation des tenseurs.

Nous démontrerons plus tard la réciproque, c'est-à-dire que si le tenseur de Riemann-Christoffel est identiquement nul, on peut toujours trouver un changement de variables ramenant les g_{ik} à être des constantes.

2° Le tenseur de Riemann-Christoffel rentre dans la classe des tenseurs fondamentaux, en ce sens qu'il est formé à l'aide des coefficients de la forme quadratique fondamentale et de leurs dérivées. Il y a lieu de remarquer qu'en général de tout tenseur on peut déduire par dérivation un tenseur d'ordre supérieur d'une unité. Mais ici, le théorème de Ricci montre que les tenseurs ainsi déduits des tenseurs fondamentaux du second ordre sont identiquement nuls. Ce n'est que par un détour que nous avons pu trouver un tenseur fondamental nouveau.

3° Le tenseur de Riemann-Christoffel dépend des g_{ik}, de leurs dérivées partielles premières et secondes, et ces dernières y entrent de façon *linéaire*.

51. Propriétés du tenseur de Riemann-Christoffel. — On vérifie immédiatement sur la formule (23) les deux propriétés suivantes :

$$(24) \qquad \begin{cases} R^{\alpha}_{.\beta\gamma\delta} = - R^{\alpha}_{.\beta\delta\gamma}, \\ R^{\alpha}_{.\beta\gamma\delta} + R^{\alpha}_{.\gamma\delta\beta} + R^{\alpha}_{.\delta\beta\gamma} = 0. \end{cases}$$

Passage aux composantes entièrement covariantes. — En abaissant l'indice α par la formule

$$(25) \qquad R_{\alpha\beta\gamma\delta} = g_{\alpha\lambda} R^{\lambda}_{.\beta\gamma\delta},$$

on obtient les composantes entièrement covariantes du tenseur, composantes sur lesquelles se mettent en évidence des propriétés de symétrie plus complètes.

Nous allons auparavant expliciter et modifier légèrement la formule (25) qui s'écrira successivement ([1]) :

$$R_{\alpha\beta\gamma\delta} = g_{\alpha\lambda} \frac{\partial \left\{ {\beta\ \delta \atop \lambda} \right\}}{\partial x^\gamma} + g_{\alpha\lambda} \left\{ {\beta\ \delta \atop \mu} \right\} \left\{ {\mu\ \gamma \atop \lambda} \right\} - \star$$

$$= \frac{\partial \left(g_{\alpha\lambda} \left\{ {\beta\ \delta \atop \lambda} \right\} \right)}{\partial x^\gamma} - \left\{ {\beta\ \delta \atop \lambda} \right\} \frac{\partial g_{\alpha\lambda}}{\partial x^\gamma} + g_{\alpha\mu} \left\{ {\beta\ \delta \atop \lambda} \right\} \left\{ {\lambda\ \gamma \atop \mu} \right\} - \star$$

([1]) Dans les formules suivantes, nous représentons par le signe $\star$ l'ensemble

(on a permuté dans le dernier terme les noms des indices muets λ et μ)

$$= \frac{\partial \begin{bmatrix} \beta & \delta \\ & \alpha \end{bmatrix}}{\partial x^\gamma} - \begin{Bmatrix} \beta & \delta \\ & \lambda \end{Bmatrix} \left[\frac{\partial g_{\alpha\lambda}}{\partial x^\gamma} - \begin{bmatrix} \lambda & \gamma \\ & \alpha \end{bmatrix} \right] - \star,$$

ou encore, d'après (14),

$$(26) \qquad R_{\alpha\beta\gamma\delta} = \frac{\partial \begin{bmatrix} \beta & \delta \\ & \alpha \end{bmatrix}}{\partial x^\gamma} - \begin{Bmatrix} \beta & \delta \\ & \lambda \end{Bmatrix} \begin{bmatrix} \alpha & \gamma \\ & \lambda \end{bmatrix}$$
$$- \frac{\partial \begin{bmatrix} \beta & \gamma \\ & \alpha \end{bmatrix}}{\partial x^\delta} + \begin{Bmatrix} \beta & \gamma \\ & \lambda \end{Bmatrix} \begin{bmatrix} \alpha & \delta \\ & \lambda \end{bmatrix}.$$

En explicitant les dérivées partielles des crochets de première espèce, on peut encore écrire

$$(26') \qquad R_{\alpha\beta\delta\gamma} = \frac{1}{2} \left[\frac{\partial^2 g_{\alpha\delta}}{\partial x^\beta\, \partial x^\gamma} - \frac{\partial^2 g_{\beta\delta}}{\partial x^\alpha\, \partial x^\gamma} - \frac{\partial^2 g_{\alpha\gamma}}{\partial x^\beta\, \partial x^\delta} + \frac{\partial^2 g_{\beta\gamma}}{\partial x^\alpha\, \partial x^\delta} \right]$$
$$- \begin{Bmatrix} \beta & \delta \\ & \lambda \end{Bmatrix} \begin{bmatrix} \alpha & \gamma \\ & \lambda \end{bmatrix} + \begin{Bmatrix} \beta & \gamma \\ & \lambda \end{Bmatrix} \begin{bmatrix} \alpha & \delta \\ & \lambda \end{bmatrix}$$

ou enfin

$$(26'') \qquad R_{\alpha\beta\gamma\delta} = \frac{1}{2} \left[\frac{\partial^2 g_{\alpha\delta}}{\partial x^\beta\, \partial x^\gamma} - \frac{\partial^2 g_{\beta\delta}}{\partial x^\alpha\, \partial x^\gamma} - \frac{\partial^2 g_{\alpha\gamma}}{\partial x^\beta\, \partial x^\delta} + \frac{\partial^2 g_{\beta\gamma}}{\partial x^\alpha\, \partial x^\delta} \right]$$
$$- g^{\lambda\mu} \begin{bmatrix} \beta & \delta \\ & \mu \end{bmatrix} \begin{bmatrix} \alpha & \gamma \\ & \lambda \end{bmatrix} + g^{\lambda\mu} \begin{bmatrix} \beta & \gamma \\ & \mu \end{bmatrix} \begin{bmatrix} \alpha & \delta \\ & \lambda \end{bmatrix}.$$

Propriétés de symétrie des composantes covariantes du tenseur de Riemann-Christoffel :

$$(27) \quad \begin{cases} 1. & R_{\alpha\beta\gamma\delta} = -\,R_{\alpha\beta\delta\gamma} & \text{[résulte de (24)],} \\ 2. & R_{\alpha\beta\gamma\delta} = -\,R_{\beta\alpha\gamma\delta} & \text{[en évidence sur (26')],} \\ 3. & R_{\alpha\beta\gamma\delta} = +\,R_{\gamma\delta\alpha\beta} & \text{[en évidence sur (26'')],} \\ 4. & R_{\alpha\beta\gamma\delta} + R_{\alpha\gamma\delta\beta} + R_{\alpha\delta\beta\gamma} = 0 & \text{[résulte de (24)].} \end{cases}$$

Le lecteur pourra faire le calcul, en tenant compte de ces conditions de symétrie du nombre de composantes indépendantes du tenseur ; en général ce nombre est de $\dfrac{n^2(n^2-1)}{12}$ [1].

---

des termes qui se déduiraient des termes explicitement écrits par la permutation des indices γ et δ.

[1] Christoffel, poursuivant l'étude de l'équivalence des formes quadratiques,

VII. — APPLICATION DE LA DÉRIVATION COVARIANTE
A L'ÉTABLISSEMENT DE QUELQUES FORMULES IMPORTANTES.

52. Formules et applications. — Partons de l'identité

$$g_{\rho\sigma}\, g^{r\rho} = g^r_\sigma;$$

nous en déduirons par différentiation

$$g_{\rho\sigma}\, dg^{r\rho} + g^{r\rho}\, dg_{\rho\sigma} = 0,$$

d'où par multiplication contractée par $g^{\sigma s}$

$$(28) \qquad dg^{rs} = - g^{r\rho} g^{s\sigma}\, dg_{\rho\sigma}.$$

On démontrera de même la formule analogue

$$(28') \qquad dg_{rs} = - g_{r\rho} g_{s\sigma}\, dg^{\rho\sigma}.$$

Prenons maintenant un système covariant du deuxième ordre, on démontrera immédiatement, en se servant des relations précédentes, l'identité ci-dessous :

$$(29) \qquad \mathrm{A}_{rs}\, dg^{rs} = - \mathrm{A}^{rs}\, dg_{rs} \quad (^1).$$

Si d'autre part nous considérons le déterminant $g = \| g_{ik} \|$ et que nous prenions sa différentielle d'après la règle de dérivation d'un déterminant, nous aurons en nous rappelant la signification des g^{ik}

$$dg = g \cdot g^{ik}\, dg_{ik}$$

ou encore

$$d\,\mathrm{L}\,|\,g\,| = g^{ik}\, dg_{ik} = - g_{ik}\, dg^{ik}.$$

Dans la formule de définition

$$\left\{ \begin{matrix} r & s \\ t \end{matrix} \right\} = g^{tu} \begin{bmatrix} r & s \\ u \end{bmatrix} = \frac{1}{2} g^{tu} \left(\frac{\partial g_{ru}}{\partial x^s} - \frac{\partial g_{su}}{\partial x^r} - \frac{\partial g_{rs}}{\partial x^u} \right),$$

---

avait déjà formé les expressions $\mathrm{R}_{\alpha\beta\gamma\delta}$ qu'il désignait par la notation $(\alpha\beta; \gamma\delta)$. On leur donne aussi le nom de *symboles à quatre indices de première espèce de Christoffel*. Riemann les avait rencontrées antérieurement dans un Mémoire qui ne fut publié qu'après sa mort (*OEuvres de Riemann*, p. 370 : Teubner).

(^{1}) Des trois identités ainsi établies il ressort en particulier que dg_{rs} n'est pas *un système tensoriel*. Ceci était évident *a priori* puisque ces quantités sont les différences des composantes de deux systèmes tensoriels pris en des points infiniment voisins et qu'une telle différence n'a pas une signification indépendante du système des variables.

faisons $t = r$ (avec sommation naturellement par rapport à r), nous aurons

$$\begin{Bmatrix} r & s \\ & r \end{Bmatrix} = \frac{1}{2} g^{ru} \frac{\partial g_{ru}}{\partial x^s} + \frac{1}{2} g^{ru} \frac{\partial g_{su}}{\partial x^r} - \frac{1}{2} g^{ru} \frac{\partial g_{rs}}{\partial x^u}$$

et, les derniers termes ne différant que par le nom des indices muets r et u, ceci se réduit à

$$\begin{Bmatrix} r & s \\ & r \end{Bmatrix} = \frac{1}{2} g^{ru} \frac{\partial g_{ru}}{\partial x^s},$$

ce qui permet d'écrire la formule précédente sous la forme

$$(30) \qquad \begin{Bmatrix} r & s \\ & r \end{Bmatrix} = \frac{1}{2} \frac{\partial \mathrm{L} |g|}{\partial x^s} = \frac{1}{\sqrt{|g|}} \frac{\partial \sqrt{|g|}}{\partial x^s}.$$

Application des formules précédentes. Divergence d'un tenseur. — Lorsque l'on veut établir une formule ayant une signification physique ou géométrique indépendante du système des coordonnées, on peut commencer par l'écrire dans un système de coordonnées particulier, puis chercher à la mettre sous une forme qui présente le caractère d'un tenseur (en remplaçant en particulier les dérivées partielles par des dérivées tensorielles) et l'on sera assuré, d'après les lois de transformation des tenseurs, d'avoir ainsi une expression de la quantité en question valable dans le système de coordonnées le plus général.

En appliquant cette méthode, qui est d'un usage constant dans le calcul tensoriel, à la notion physique de divergence d'un vecteur dont on connaît l'expression en coordonnées cartésiennes rectangulaires, on sera conduit à appeler divergence d'un tenseur du premier ordre (A) sa dérivée tensorielle contractée

$$\Delta_r A^r,$$

invariant qui peut tout aussi bien s'écrire

$$\Delta^r A_r.$$

Ces formules se généralisent à des tenseurs d'ordre quelconque, et par exemple on pourra prendre pour la divergence d'un tenseur du troisième ordre le tenseur du second ordre de composantes contrevariantes

$$\Delta_r A^{rst},$$

mais il est alors bon de remarquer que l'on peut obtenir plusieurs divergences suivant l'indice que l'on contracte avec l'indice de dérivation.

Modification des formules précédentes. — Prenons tout d'abord le cas d'un tenseur du premier ordre, la formule de divergence, explicitée, s'écrit successivement

$$\Delta_r \mathrm{A}^r = \frac{\partial \mathrm{A}^r}{\partial x^r} + \left\{ \begin{matrix} \lambda \\ r \end{matrix} \; r \right\} \mathrm{A}^\lambda = \frac{\partial \mathrm{A}^\lambda}{\partial x^\lambda} + \frac{1}{\sqrt{|g|}} \frac{\partial \sqrt{|g|}}{\partial x^\lambda} \mathrm{A}^\lambda \qquad [\text{d'après (30)}],$$

c'est-à-dire

$$(31) \qquad \Delta_r \mathrm{A}^r = \frac{1}{\sqrt{|g|}} \frac{\partial(\sqrt{|g|}\,\mathrm{A}^\lambda)}{\partial x^\lambda}.$$

Dans le cas d'un tenseur du second ordre, on pourra de même écrire la divergence sous la forme

$$\Delta_r \mathrm{A}^{rs} = \frac{\partial \mathrm{A}^{rs}}{\partial x^r} + \left\{ \begin{matrix} \lambda \\ r \end{matrix} \; r \right\} \mathrm{A}^{\lambda s} + \left\{ \begin{matrix} \lambda \\ s \end{matrix} \; r \right\} \mathrm{A}^{r\lambda}$$

$$= \frac{1}{\sqrt{|g|}} \frac{\partial(\sqrt{|g|}\,\mathrm{A}^{\lambda s})}{\partial x^\lambda} - \left\{ \begin{matrix} \lambda \\ s \end{matrix} \; r \right\} \mathrm{A}^{r\lambda}.$$

Dans le cas d'un *tenseur symétrique gauche*, le dernier terme de la formule est évidemment nul et l'on a alors

$$(31') \qquad \Delta_r \mathrm{A}^{rs} = \frac{1}{\sqrt{|g|}} \frac{\partial(\sqrt{|g|}\,\mathrm{A}^{\lambda s})}{\partial x^\lambda}.$$

Dans le cas d'un *tenseur symétrique droit*, on peut modifier aussi l'expression de la divergence; pour cela, multiplions les deux membres de l'avant-dernière équation par $g_{s\sigma}$ (qui pourra entrer sous le signe Δ_r en vertu du théorème de Ricci), on aura successivement

$$\Delta_r \mathrm{A}^r_{.\sigma} = \frac{g_{s\sigma}}{\sqrt{|g|}} \frac{\partial(\sqrt{|g|}\,\mathrm{A}^{\lambda s})}{\partial x^\lambda} + \left[\begin{matrix} \lambda \\ \sigma \end{matrix} \; r \right] \mathrm{A}^{r\lambda}$$

$$= \frac{1}{\sqrt{|g|}} \frac{\partial(\sqrt{|g|}\,g_{s\sigma}\mathrm{A}^{\lambda s})}{\partial x^\lambda} - \frac{\partial g_{s\sigma}}{\partial x^\lambda} \mathrm{A}^{\lambda s}$$

$$+ \frac{1}{2} \left(\frac{\partial g_{\lambda\sigma}}{\partial x^r} + \frac{\partial g_{r\sigma}}{\partial x^\lambda} - \frac{\partial g_{\lambda r}}{\partial x^\sigma} \right) \mathrm{A}^{r\lambda};$$

or, on a évidemment, par changement du nom des indices muets et en raison de la symétrie du tenseur,

$$\frac{\partial g_{\lambda\sigma}}{\partial x^r} A^{r\lambda} = \frac{\partial g_{r\sigma}}{\partial x^\lambda} A^{r\lambda} = \frac{\partial g_{s\sigma}}{\partial x^\lambda} A^{\lambda s},$$

ce qui donne dans ce cas pour la divergence la formule

$$(31'') \qquad \Delta_r A^r_{\ \sigma} = \frac{1}{\sqrt{|g|}} \frac{\partial \left(\sqrt{|g|}\, A^\lambda_{.\sigma}\right)}{\partial x^\lambda} - \frac{1}{2} \frac{\partial g_{r\lambda}}{\partial x^\sigma} A^{r\lambda} \qquad (1).$$

Opérateur de Laplace. — En coordonnées cartésiennes rectangulaires, si l'on cherche la divergence du gradient d'un invariant φ, on obtient ce que l'on appelle l'opérateur de Laplace et qu'on représente par le symbole bien connu $\Delta\varphi$.

En coordonnées générales, l'opérateur de Laplace s'écrira

$$(32) \qquad \Delta\varphi = \Delta_r \Delta^r \varphi = \Delta^r \Delta_r \varphi,$$

et d'après l'équation (31) il pourra encore s'écrire

$$(32') \qquad \Delta\varphi = \frac{1}{\sqrt{|g|}} \frac{\partial \left(\sqrt{|g|}\, g^{rs} \frac{\partial\varphi}{\partial x^s}\right)}{\partial x^r} \qquad (2).$$

Application. Calcul de la quantité $\Delta\varphi$ en coordonnées curvilignes orthogonales. —Supposons que nous soyons dans un système de variables pour lequel la forme quadratique fondamentale se présente sous la forme

$$(H_1)^2(dx^1)^2 + (H_2)^2(dx^2)^2 + (H_3)^2(dx^3)^2.$$

---

(1) Les expressions de la forme $\sqrt{|g|}\, A^{r s}$ se rencontrent fréquemment dans les théories physiques, aussi est-il souvent commode, à côté des tenseurs proprement dits, d'introduire des *densités tensorielles* définies par exemple par la relation

$$\mathfrak{A}^{rs} = \sqrt{|g|}\, A^{rs}.$$

Ces quantités (qu'on pourrait naturellement définir pour des tenseurs de tout ordre) se transforment suivant la loi

$$\overline{\mathfrak{A}}^{rs} = D.\overline{x}^r_\rho \overline{x}^s_\sigma \mathfrak{A}^{\rho\sigma} \qquad \text{(D dét. fonc. de la transformation).}$$

On pourrait du reste imaginer des lois de transformation plus complexes dans lesquelles le déterminant fonctionnel D serait élevé à une puissance quelconque et qui satisferaient toujours (ce qui est essentiel) aux conditions (C) du début de ce Chapitre.

(2) Cet opérateur pourra naturellement s'appliquer aussi à des tenseurs d'ordre quelconque.

On trouvera immédiatement

$$\sqrt{g} = H_1 H_2 H_3,$$

$$g^{ik} = 0 \quad \text{si} \quad i \neq k, \qquad g^{11} = \frac{1}{(H_1)^2}, \qquad g^{22} = \frac{1}{(H_2)^2}, \qquad g^{33} = \frac{1}{(H_3)^2},$$

ce qui donnera pour la quantité $\Delta\varphi$, prise sous la forme $(32')$, la formule ci-dessous, d'un usage constant en physique mathématique,

$$\Delta\varphi = \frac{1}{H_1 H_2 H_3} \left[\frac{\partial}{\partial x^1} \left(\frac{H_2 H_3}{H_1} \frac{\partial\varphi}{\partial x^1} \right) \right.$$
$$\left. + \frac{\partial}{\partial x^2} \left(\frac{H_3 H_1}{H_2} \frac{\partial\varphi}{\partial x^2} \right) + \frac{\partial}{\partial x^3} \left(\frac{H_1 H_2}{H_3} \frac{\partial\varphi}{\partial x^3} \right) \right].$$

53. Les contractions du tenseur de Riemann-Christoffel ([1]). — Reprenons la formule (23) définissant $R^\alpha_{.\beta\gamma\delta}$. En la contractant par rapport aux indices α et δ nous en déduirons le nouveau tenseur du second ordre

$$(33) \qquad R_{\beta\gamma} = R^\lambda_{.\beta\gamma\lambda}$$

qui s'écrira

$$(33') \quad R_{\beta\gamma} = \frac{\partial \left\{ \begin{smallmatrix} \beta & \lambda \\ & \lambda \end{smallmatrix} \right\}}{\partial x^\gamma} + \left\{ \begin{smallmatrix} \beta & \lambda \\ & \mu \end{smallmatrix} \right\} \left\{ \begin{smallmatrix} \mu & \gamma \\ & \lambda \end{smallmatrix} \right\} - \frac{\partial \left\{ \begin{smallmatrix} \beta & \gamma \\ & \lambda \end{smallmatrix} \right\}}{\partial x^\lambda} - \left\{ \begin{smallmatrix} \beta & \gamma \\ & \mu \end{smallmatrix} \right\} \left\{ \begin{smallmatrix} \mu & \lambda \\ & \lambda \end{smallmatrix} \right\},$$

ou encore d'après (30)

$$(33'') \quad R_{\beta\gamma} = \frac{\partial^2 L\sqrt{|g|}}{\partial x^\beta \, \partial x^\gamma}$$
$$+ \left\{ \begin{smallmatrix} \beta & \lambda \\ & \mu \end{smallmatrix} \right\} \left\{ \begin{smallmatrix} \mu & \gamma \\ & \lambda \end{smallmatrix} \right\} - \frac{\partial \left\{ \begin{smallmatrix} \beta & \gamma \\ & \lambda \end{smallmatrix} \right\}}{\partial x^\lambda} - \left\{ \begin{smallmatrix} \beta & \gamma \\ & \mu \end{smallmatrix} \right\} \frac{\partial L\sqrt{|g|}}{\partial x^\mu}.$$

Sous cette dernière forme, on voit immédiatement qu'il s'agit d'un tenseur symétrique

$$(34) \qquad R_{\beta\gamma} = R_{\gamma\beta}.$$

Enfin par élévation d'indice suivie d'une nouvelle contraction,

---

([1]) Du tenseur de Riemann-Christoffel on ne peut déduire qu'*un seul* tenseur contracté nouveau, car la contraction $R^\lambda_{.\beta\lambda\delta}$ donnerait le même tenseur au signe près que celui que nous considérons ici, et la contraction $R^\lambda_{.\lambda\gamma\delta}$ donnerait un résultat identiquement nul.

on pourra en déduire un invariant par les formules

$$(35) \quad \begin{cases} R_\beta^\alpha = g^{\alpha\gamma} R_{\beta\gamma}, \\ R = R_\alpha^\alpha = g^{\alpha\gamma} R_{\alpha\gamma}. \end{cases}$$

Tous ces tenseurs jouent un rôle fondamental en physique et en géométrie ([1]).

54. Système de coordonnées géodésique en un point. — Nous avons déjà remarqué que si les coefficients g_{ik} de la forme quadratique fondamentale étaient des constantes, les symboles de Christoffel des deux espèces étaient nuls.

En général il n'en est pas ainsi, et nous verrons plus tard qu'on ne peut pas, par un changement de variables, ramener ces coefficients à être constants, sauf dans le cas particulier où le tenseur de Riemann-Christoffel est identiquement nul.

Mais nous allons montrer qu'on peut toujours trouver un changement de variables tel qu'*en un point particulier* P de la multiplicité les dérivées partielles premières des g_{ik} soient nulles. Un système de variables pour lequel cette particularité sera réalisée sera dit *géodésique au point* P. En effet, dire que les dérivées partielles $\frac{\partial g_{ik}}{\partial x^l}$ sont nulles en un point revient à dire que les symboles de Christoffel des deux espèces sont nuls en ce point et

---

([1]) On trouve pour représenter ces différents tenseurs les notations les plus diverses suivant les auteurs. Cette diversité, jointe au fait que la plupart des auteurs ne précisent pas, comme nous le faisons ici, la place mutuelle des indices de types différents, n'est pas faite pour faciliter la lecture des mémoires et pour permettre la comparaison rapide des résultats. Aussi n'est-il peut-être pas inutile de dresser un petit tableau comparant les différentes notations

Auteurs.	Composantes mixtes.	Composantes covariantes.	Tenseur contracté.
Présent Ouvrage.......	$R^\alpha_{.\beta\gamma\delta}$	$R_{\alpha\beta\gamma\delta}$	$R_{\beta\gamma} = R^\lambda_{.\beta\gamma\lambda}$
Weyl..............	$F^\alpha_{\beta\gamma\delta}$	$F_{\alpha\beta\gamma\delta}$	$R_{\beta\delta} = F^\lambda_{\beta\lambda\delta}$
Eddington-Becquerel ...	$B^\alpha_{\beta\gamma\delta}$	$B_{\beta\gamma\delta\alpha}$	$G_{\beta\gamma} = B^\lambda_{\beta\lambda\gamma}$
Galbrun.............	$R^\alpha_{\beta\delta\gamma}$	$R_{\alpha\beta\delta\gamma}$	$R_{\beta\gamma} = R^\lambda_{\beta\lambda\gamma}$
Juvet	$R_\beta{}^\alpha{}_{.\delta\gamma}$	$R_{\beta\alpha\delta\gamma}$	$R_{\beta\gamma} = R_\beta{}^{.\lambda}{}_{.\lambda\gamma}$
Christoffel-Bianchi.....	$\lvert \beta\alpha : \delta\gamma \rvert$	$(\beta\alpha ; \delta\gamma)$	

inversement la nullité des symboles entraîne celle des dérivées d'après (14).

Soient donc x^i un système de variables quelconque et $\overline{x}^i$ un système de variables géodésique en P; d'après les formules de Christoffel (16') et ce que nous venons de dire, la condition nécessaire et suffisante pour qu'il en soit ainsi sera que l'on ait *au point* P

$$x'_{rs} + \left\{ \begin{matrix} \rho \\ i \end{matrix} \begin{matrix} \sigma \\ \end{matrix} \right\} x'_r x'_s = 0.$$

Alors on déterminera le changement de variables $(x^i, \overline{x}^i)$ en se donnant les développements en série de Taylor des x^i en fonction des $\overline{x}^i$ (qu'on pourra supposer nuls au point P). A cet effet, on se donnera arbitrairement les valeurs des dérivées premières, par exemple par les formules

$$\left(x'_r \right)_P = \left\{ \begin{matrix} 0 & \text{si} & i \neq r \\ 1 & \text{si} & i = r \end{matrix} \right. \quad (^1),$$

on déterminera par les formules de Christoffel précédemment écrites les valeurs des dérivées secondes en P, et l'on prendra arbitrairement les dérivées suivantes qu'on annulera pour simplifier.

On aura ainsi les formules de transformation demandées

$$(36) \qquad x^i = (x^i)_P + \overline{x}^i - \frac{1}{2} \left\{ \begin{matrix} r \\ i \end{matrix} \begin{matrix} s \\ \end{matrix} \right\}_P \overline{x}^r \overline{x}^s.$$

55. Application. — Comme il est toujours possible, ainsi que nous l'avons remarqué précédemment, d'établir une formule ayant une signification physique en lui donnant une forme tensorielle et en se plaçant dans un système de variables particulier, il y aura souvent intérêt à faire cette vérification dans un système géodésique où les calculs seront plus simples.

A titre d'application, nous allons établir par ce procédé une identité qui joue un rôle fondamental dans la théorie de la relativité.

Si l'on se place dans un système de coordonnées géodésique en un point P, on vérifie immédiatement, en partant de la formule (26″), l'identité (vraie au point P)

$$\Delta_\varepsilon R_{\alpha\beta\gamma\delta} + \Delta_\gamma R_{\alpha\beta\delta\varepsilon} + \Delta_\delta R_{\alpha\beta\varepsilon\gamma} \equiv 0 \quad (^2).$$

(^{1}) Il faut naturellement que le déterminant fonctionnel en P soit différent de zéro; ici il est égal à l'unité.

(^{2}) Pour une interprétation géométrique de ces identités, *voir* G. DARMOIS. *Éléments de la géométrie des espaces* (*Annales de Physique*, 1924, § 39).

Mais comme le premier membre de cette identité représente un système tensoriel cinq fois covariant, on en conclut qu'elle est vérifiée dans n'importe quel système de coordonnées quel que soit le point P.

Or, cette identité s'écrit encore

$$\Delta_\varepsilon R^{\alpha\beta}_{..\gamma\delta} + \Delta_\gamma R^{\alpha\beta}_{..\delta\varepsilon} + \Delta_\delta R^{\alpha\beta}_{..\varepsilon\gamma} = 0.$$

Faisons-y d'abord la contraction $\alpha = \delta$, puis la contraction $\beta = \gamma$, elle devient

$$\Delta_\varepsilon R^\beta_\gamma - \Delta_\gamma R^\beta_\varepsilon + \Delta_\alpha R^{\alpha\beta}_{..\varepsilon\gamma} = 0,$$

puis

$$\Delta_\varepsilon R - \Delta_\beta R^\beta_\varepsilon - \Delta_\alpha R^\alpha_\varepsilon = 0,$$

ce qui s'écrit encore

$$\frac{1}{2}\Delta_\varepsilon R - \Delta_\alpha R^\alpha_\varepsilon = 0,$$

ou enfin

$$(37) \qquad \Delta_\alpha \left[\frac{1}{2} g^\alpha_\varepsilon R - R^\alpha_\varepsilon \right] = 0.$$

Telle est la formule que nous nous proposons d'établir, formule qui exprime que la divergence du tenseur symétrique dont les composantes mixtes sont dans le crochet est nulle.

RÈGLES ET FORMULES DU CALCUL TENSORIEL. RÉSUMÉ.

Notations :

$$(1) \qquad \frac{\partial x^i}{\partial \overline{x}^r} = \underline{x^i_r} \qquad \text{et} \qquad \frac{\partial \overline{x}^i}{\partial x^r} = \overline{x}^i_r.$$

Convention de sommation. — Un indice « muet » (figurant deux fois dans un monome) implique une sommation de 1 à n.

Relations fondamentales entre les dérivées partielles :

$$(2) \qquad \underline{x^i_r}\,\overline{x}^r_s = \overline{x}^i_r\,\underline{x}^r_s = \delta^i_s = \begin{cases} 0 & \text{si} \quad s \neq i, \\ 1 & \text{si} \quad s = i. \end{cases}$$

Invariant. — (Système tensoriel d'ordre zéro)

$$\overline{f}(\overline{x}^i) = f(x^i).$$

Systèmes tensoriels du premier ordre :

1° Covariants

$$(3) \qquad \overline{A}_r = \underline{x}^\rho_r A_\rho \qquad \text{ou} \qquad A_r = \overline{x}^\rho_r \overline{A}_\rho \qquad \left(\text{Ex.} : \frac{\partial f}{\partial x^r} \right);$$

2° Contrevariants

$$(4) \qquad \overline{A}^r = \overline{x}^r_\rho A^\rho \qquad \text{ou} \qquad A^r = \underline{x}^r_\rho \overline{A}^\rho \qquad (\text{Ex} : dx^r).$$

Systèmes tensoriels d'ordre supérieur. — Exemple :

$$\overline{A}^s_{r.t} = \underline{x}^\rho_r \overline{x}^s_\sigma \underline{x}^\tau_t A^{.\sigma}_{\rho.\tau},$$

ou

$$(6) \qquad \overline{x}^r_\rho \overline{A}^s_{r.t} = \overline{x}^s_\sigma x^\tau_t A^{.\sigma}_{\rho.\tau},$$

ou encore

$$\overline{x}^r_\rho x^\sigma_s x^t_\tau \overline{A}^s_{r.t} = A^{.\sigma}_{\rho.\tau}.$$

L'indice inférieur caractérise toujours la covariance ;
L'indice supérieur caractérise toujours la contrevariance.

Opérations tensorielles :

Addition (analogue à l'addition vectorielle) }
Multiplication extérieure } peuvent se } commutatives, associatives et
Contraction } combiner } distributives.

Criterium décelant le caractère tensoriel. — Si un groupe de quantités $A(r, s, t)$ est tel que $A(r, s, t)\xi_r \tau_{,s} \zeta^t$ soit un invariant quels que soient les systèmes tensoriels $\xi_r, \tau_{,s}, \zeta^t$. $A(r, s, t)$ est un système tensoriel du type $A^{rs}_{..t}$.

Systèmes tensoriels spéciaux. — Symétriques (ex. : $A_{ik} = A_{ki}$).
Antisymétriques (ex. : $A_{ik} = - A_{ki}$).

Forme quadratique fondamentale :

$$g_{ik} dx^i dx^k \qquad (g_{ik} = g_{ki})$$

(invariante par définition).

Discriminant

$$g = \| g_{ik} \| \neq 0, \qquad \overline{g} = D^2 g \qquad (D = \text{dét. fonct. de la transformation}).$$

Systèmes tensoriels fondamentaux du deuxième ordre :

1° Covariant

$$g_{ik};$$

2° Contrevariant

$$g^{ik} = \frac{1}{g} \times \text{mineur algébrique de } g_{ik};$$

3° Mixte

$$g^i_k = g^{il} g_{kl} = \begin{cases} 0 & \text{si} \quad i \neq k, \\ 1 & \text{si} \quad i = k. \end{cases}$$

Abaissement et élévation des indices. — Le produit contracté d'un système tensoriel quelconque par un système fondamental donne :

1° Pour g_{ik}, un changement d'indice suivi d'un abaissement,

$$(7) \qquad\qquad \text{ex.} : g_{ik} A^k = A_i;$$

2° Pour g^{ik}, un changement d'indice suivi d'une élévation,

$$(7') \qquad\qquad \text{ex.} : g^{ik} A_k = A^i;$$

3° Pour g^i_k, un changement d'indice seul,

$$(8) \qquad \text{ex.} : g^i_k A^k = A^i \qquad (g^i_k \text{ est un opérateur de substitution}).$$

Règles du « jeu des indices ». — Sur tout indice *muet* on a le droit d'abaisser l'indice dans une de ses positions et de l'élever dans l'autre,

$$\text{ex.} : A_k B^k_{\cdot l} = A^k B_{kl}.$$

Un même indice *non muet* peut être élevé ou abaissé *simultanément* dans tous les termes d'une équation tensorielle,

$$\text{ex.} : A_k B^k_{\cdot l} = C_l \qquad \text{équivaut à} \qquad A_k B^{kl} = C^l.$$

On peut toujours changer le nom d'un indice *muet*.

Tenseurs. — On peut associer à tout système tensoriel plusieurs autres systèmes en élevant ou en abaissant les indices; tous ces systèmes sont les composantes de différents types d'un même *tenseur*.

Exemple : Les systèmes fondamentaux g_{ik}, g^{ik}, g^h_i sont les composantes covariantes, contrevariantes ou mixtes du *tenseur métrique fondamental.*

Équations différentielles des géodésiques :

$$(9'') \qquad\qquad \frac{d^2 x^i}{ds^2} + \begin{Bmatrix} r & s \\ & t & \end{Bmatrix} \frac{dx^r}{ds} \frac{dx^s}{ds} = 0.$$

Symboles de Christoffel :

$$(10)\qquad \left[\begin{matrix} r & s \\ & t \end{matrix}\right] = \frac{1}{2}\left(\frac{\partial g_{rt}}{\partial x^s} + \frac{\partial g_{st}}{\partial x^r} - \frac{\partial g_{rs}}{\partial x^t}\right),$$

$$(11)\qquad \left\{\begin{matrix} r & s \\ & t \end{matrix}\right\} = g^{tu}\left[\begin{matrix} r & s \\ & u \end{matrix}\right],$$

$$(15)\qquad \left[\begin{matrix} r & s \\ & t \end{matrix}\right] = g_{tu}\left\{\begin{matrix} r & s \\ & u \end{matrix}\right\},$$

$$(12)\qquad \left[\begin{matrix} r & s \\ & t \end{matrix}\right] = \left[\begin{matrix} s & r \\ & t \end{matrix}\right],$$

$$(13)\qquad \left\{\begin{matrix} r & s \\ & t \end{matrix}\right\} = \left\{\begin{matrix} s & r \\ & t \end{matrix}\right\},$$

$$(14)\qquad \left[\begin{matrix} r & s \\ & t \end{matrix}\right] + \left[\begin{matrix} t & s \\ & r \end{matrix}\right] = \frac{\partial g_{rt}}{\partial x^s}.$$

Formules de Christoffel :

$$(16')\qquad x_y^h\left\{\begin{matrix} r & s \\ & y \end{matrix}\right\} = x_r^\rho\, x_s^\sigma\left\{\begin{matrix} \rho & \sigma \\ & k \end{matrix}\right\} + x_{rs}^k,$$

avec

$$x_{rs}^k = \frac{\partial^2 x^k}{\partial \bar{x}^r\, \partial \bar{x}^s}.$$

Dérivée covariante. — Exemple :

$$(19)\qquad \Delta_u A_{st}^r = \frac{\partial A_{st}^r}{\partial x^u} + \left\{\begin{matrix} \lambda & u \\ & r \end{matrix}\right\} A_{st}^\lambda - \left\{\begin{matrix} s & u \\ & \lambda \end{matrix}\right\} A_{\lambda t}^r - \left\{\begin{matrix} t & u \\ & \lambda \end{matrix}\right\} A_{s\lambda}^r;$$

se confond avec la dérivée partielle ordinaire :

1° appliquée à un invariant quels que soient les g_{ik} ;
2° appliquée à un système quelconque si les g_{ik} sont constants.

Dérivée contrevariante :

$$(21)\qquad \Delta^s(\text{système quelconque}) = g^{st}\,\Delta_t(\text{même système}).$$

Théorème de Ricci :

$$\Delta_s g_{ik} = 0, \qquad \Delta_s g^{ik} = 0, \qquad \Delta_s g_k^i = 0.$$

Propriétés de la dérivation covariante :

Les mêmes que celles de la dérivation ordinaire ;

Elle est permutable avec la contraction et le déplacement des indices ;

La dérivée d'un système constant n'est pas nulle.

Dérivations tensorielles successives. — *Ne* sont *pas indépen-dantes* de l'ordre des dérivations

$$(22')\qquad \Delta_t(\Delta_s A_r) - \Delta_s(\Delta_t A_r) = A_\lambda R^{\lambda}_{.rst}.$$

Tenseur de Riemann-Christoffel :

$$(23)\qquad R^{\alpha}_{.\beta\gamma\delta} = \frac{\partial \left\{ \begin{matrix} \beta & \delta \\ & \alpha \end{matrix} \right\}}{\partial x^\gamma} + \left\{ \begin{matrix} \beta & \delta \\ & \mu \end{matrix} \right\} \left\{ \begin{matrix} \mu & \gamma \\ & \alpha \end{matrix} \right\}$$
$$- \frac{\partial \left\{ \begin{matrix} \beta & \gamma \\ & \alpha \end{matrix} \right\}}{\partial x^\delta} - \left\{ \begin{matrix} \beta & \gamma \\ & \mu \end{matrix} \right\} \left\{ \begin{matrix} \mu & \delta \\ & \alpha \end{matrix} \right\},$$

$$(24)\qquad \begin{cases} R^{\alpha}_{.\beta\gamma\delta} = - R^{\alpha}_{.\beta\delta\gamma}, \\ R^{\alpha}_{.\beta\gamma\delta} + R^{\alpha}_{.\gamma\delta\beta} + R^{\alpha}_{.\delta\beta\gamma} = 0, \end{cases}$$

$$(25)\qquad R_{\alpha\beta\gamma\delta} = g_{\alpha\lambda} R^{\lambda}_{.\beta\gamma\delta},$$

$$(26)\qquad R_{\alpha\beta\gamma\delta} = \frac{\partial \left[\begin{matrix} \beta & \delta \\ & \alpha \end{matrix} \right]}{\partial x^\gamma} - \left\{ \begin{matrix} \beta & \delta \\ & \lambda \end{matrix} \right\} \left[\begin{matrix} \alpha & \gamma \\ & \lambda \end{matrix} \right]$$
$$- \frac{\partial \left[\begin{matrix} \beta & \gamma \\ & \alpha \end{matrix} \right]}{\partial x^\delta} + \left\{ \begin{matrix} \beta & \gamma \\ & \lambda \end{matrix} \right\} \left[\begin{matrix} \alpha & \delta \\ & \lambda \end{matrix} \right],$$

$$(26'')\qquad = \frac{1}{2} \left(\frac{\partial^2 g_{\alpha\delta}}{\partial x^\beta\, \partial x^\gamma} - \frac{\partial^2 g_{\beta\delta}}{\partial x^\alpha\, \partial x^\gamma} - \frac{\partial^2 g_{\alpha\gamma}}{\partial x^\beta\, \partial x^\delta} + \frac{\partial^2 g_{\beta\gamma}}{\partial x^\alpha\, \partial x^\delta} \right)$$
$$- g^{\lambda\mu} \left[\begin{matrix} \beta & \delta \\ & \mu \end{matrix} \right] \left[\begin{matrix} \alpha & \gamma \\ & \lambda \end{matrix} \right] + g^{\lambda\mu} \left[\begin{matrix} \beta & \gamma \\ & \mu \end{matrix} \right] \left[\begin{matrix} \alpha & \delta \\ & \lambda \end{matrix} \right],$$

$$(27)\qquad \begin{cases} R_{\alpha\beta\gamma\delta} = - R_{\alpha\beta\delta\gamma} = - R_{\beta\alpha\gamma\delta} \\ R_{\alpha\beta\gamma\delta} = + R_{\gamma\delta\alpha\beta} \\ R_{\alpha\beta\gamma\delta} + R_{\alpha\gamma\delta\beta} + R_{\alpha\delta\beta\gamma} = 0 \end{cases} \left| \begin{array}{l} \dfrac{n^2(n^2-1)}{12}\ \text{composantes} \\ \text{indépendantes non nulles.} \end{array} \right.$$

Quelques identités importantes :

$$(28)\qquad dg^{rs} = - g^{rp} g^{s\sigma} dg_{p\sigma},$$
$$(28')\qquad dg_{rs} = - g_{rp} g_{s\sigma} dg^{p\sigma},$$
$$(29)\qquad A_{rs}\, dg^{rs} = - A^{rs}\, dg_{rs},$$
$$dL|g| = g^{ik}\, dg_{ik} = - g_{ik}\, dg^{ik},$$
$$(30)\qquad \left\{ \begin{matrix} r & s \\ & r \end{matrix} \right\} = \frac{1}{2} \frac{\partial L|g|}{\partial x^s} = \frac{1}{\sqrt{|g|}} \frac{\partial \sqrt{|g|}}{\partial x^s}.$$

Divergence d'un tenseur :

1° Tenseur du premier ordre covariant,

$$\Delta^r A_r = g^{rt} \Delta_t A_r;$$

$2°$ Tenseur du premier ordre contrevariant,

$$(31) \qquad \Delta_r A^r = \frac{1}{\sqrt{|g|}} \frac{\partial(\sqrt{|g|}\, A^\lambda)}{\partial x^\lambda} ;$$

$3°$ Tenseur du deuxième ordre *symétrique gauche*,

$$(31') \qquad \Delta_r A^{rs} = \frac{1}{\sqrt{|g|}} \frac{\partial(\sqrt{|g|}\, A^{\lambda s})}{\partial x^\lambda} :$$

$4°$ Tenseur du deuxième ordre *symétrique droit*.

$$(31'') \qquad \Delta_r A^r_{.\sigma} = \frac{1}{\sqrt{|g|}} \frac{\partial(\sqrt{|g|}\, A^\lambda_{.s})}{\partial x^\lambda} - \frac{1}{2} \frac{\partial g_{r\lambda}}{\partial x^\sigma} A^{r\lambda}.$$

Opérateur de Laplace :

$$(32) \qquad \Delta \text{ (tenseur quelconque)} = \Delta_r \Delta^r(\ ) = \Delta^r \Delta_r(\ ).$$

Contractions du tenseur de Riemann-Christoffel :

$$(33\text{-}33') \qquad R_{\beta\gamma} = R^\lambda_{.\beta\gamma\lambda} = \frac{\partial \begin{Bmatrix} \beta & \lambda \\ \lambda \end{Bmatrix}}{\partial x^\gamma} + \begin{Bmatrix} \beta & \lambda \\ \mu \end{Bmatrix} \begin{Bmatrix} \mu & \gamma \\ \lambda \end{Bmatrix}$$
$$- \frac{\partial \begin{Bmatrix} \beta & \gamma \\ \lambda \end{Bmatrix}}{\partial x^\lambda} - \begin{Bmatrix} \beta & \gamma \\ \mu \end{Bmatrix} \begin{Bmatrix} \mu & \lambda \\ \lambda \end{Bmatrix} ,$$

$$(33'') \qquad = \frac{\partial^2 L \sqrt{|g|}}{\partial x^\beta \partial x^\gamma} + \begin{Bmatrix} \beta & \lambda \\ \mu \end{Bmatrix} \begin{Bmatrix} \mu & \gamma \\ \lambda \end{Bmatrix}$$
$$- \frac{\partial \begin{Bmatrix} \beta & \gamma \\ \lambda \end{Bmatrix}}{\partial x^\lambda} - \begin{Bmatrix} \beta & \gamma \\ \mu \end{Bmatrix} \frac{\partial L \sqrt{|g|}}{\partial x^\mu} ,$$

$$(34) \qquad R_{\beta\gamma} = R_{\gamma\beta},$$

$$(35) \qquad \begin{cases} R^\alpha_\beta = g^{\alpha\gamma} R_{\beta\gamma}, \\ R = R^\alpha_\alpha = g^{\alpha\gamma} R_{\alpha\gamma}. \end{cases}$$

Passage d'un système de variables quelconque (x^i) à un système $(\overline{x}^i)$ géodésique au point P :

$$(36) \qquad x^i = (x^i)_P + \overline{x}^i - \frac{1}{2} \begin{Bmatrix} r & s \\ i \end{Bmatrix}_P \overline{x}^r \overline{x}^s.$$

Identité fondamentale de la relativité :

$$(37) \qquad \Delta_\alpha \left[\frac{1}{2} g^\alpha_\varepsilon R - R^\alpha_\varepsilon \right] = 0.$$

CHAPITRE III.

EXEMPLES ET APPLICATIONS DU CALCUL TENSORIEL DANS L'ESPACE EUCLIDIEN A TROIS DIMENSIONS.

I. — CALCUL VECTORIEL EN COORDONNÉES CURVILIGNES.

56. Coordonnées curvilignes. — Nous rapporterons d'abord l'espace euclidien à trois dimensions de la géométrie classique à trois axes de coordonnées *rectangulaires* OA^1, OA^2, OA^3 et nous représenterons par $\overline{x^i}$ les trois coordonnées d'un point quelconque.

La distance de deux points infiniment voisins, de coordonnées $\overline{x^i}$ et $\overline{x^i} + d\overline{x^i}$ sera donnée par le théorème de Pythagore et son carré pourra s'écrire

$$ds^2 = \overline{g}_{ik}\, d\overline{x^i}\, d\overline{x^k}$$

avec

$$\overline{g}_{ik} = \begin{cases} 0 & \text{si} \quad i \neq k, \\ 1 & \text{si} \quad i = k. \end{cases}$$

C'est cette forme quadratique, invariante par sa nature même, qui nous servira de forme fondamentale.

On trouve immédiatement

$$\overline{g} = \|\overline{g}_{ik}\| = 1, \qquad \overline{g}^{ik} = \overline{g}^i_k = \begin{cases} 0 & \text{si} \quad i \neq k, \\ 1 & \text{si} \quad i = k. \end{cases}$$

Conséquence. — Dans un système de coordonnées cartésiennes rectangulaires, des systèmes associés ont des composantes identiques. On a en effet, par exemple,

$$\overline{A}_r = \overline{g}_{ri}\overline{A^i} = \overline{A^r};$$

autrement dit, il n'y a pas lieu *dans ce cas* de faire de distinction entre les composantes covariantes et contrevariantes d'un même tenseur.

Introduisons maintenant un second système de coordonnées x^i, reliées aux précédentes par des relations arbitraires

$$\overline{x}^i = f^i(x^1, x^2, x^3),$$

soumises aux seules restrictions de continuité et d'existence des dérivées déjà mentionnées et telles que de plus le déterminant fonctionnel $\| \overline{x}_k^i \|$ soit différent de zéro.

Ces nouvelles variables seront dites former un système de coordonnées curvilignes pour l'espace à trois dimensions.

Dans ce nouveau système, le ds^2 aura une forme analogue $g_{ik}\, dx^i\, dx^k$ et l'on calcule de suite les valeurs des composantes du tenseur fondamental d'après leurs valeurs simples dans le système cartésien

$$(1) \qquad \left|\ \begin{aligned} g_{rs} &= \overline{x}_r^\sigma\, \overline{x}_s^\sigma\, g_{\rho\sigma} = \overline{x}_r^\rho\, \overline{x}_s^\rho, \\ g^{rs} &= x_\rho^r\, x_\sigma^s\, g^{\rho\sigma} = x_\rho^r\, x_\rho^s \ (1), \end{aligned}\right.$$

et naturellement

$$g_r^s = \begin{cases} 0 & \text{si} \quad r \neq s, \\ 1 & \text{si} \quad r = s. \end{cases}$$

57. Courbes et surfaces de coordonnées. — Reprenons les formules de transformation

$$\overline{x}^i = f^i(x^1, x^2, x^3):$$

donnons aux x^i des valeurs numériques qui déterminent un point M et supposons qu'à partir de ce système de valeurs nous fassions varier x^1 (x^2 et x^3 restant fixes), le point M décrira une courbe qu'on appellera la courbe $x^1 = variable$; on définira de même les courbes $x^2 = variable$ et $x^3 = variable$ issues du point M.

A partir du même système de valeurs numériques, faisons

---

(1) Nous appliquons ici encore notre convention de sommation bien que l'indice muet ρ n'occupe pas comme d'habitude une fois la position haute et une fois la position basse. Cette exception à la règle générale tient au fait que le système des coordonnées $\overline{x}^i$ est très particulier.

maintenant varier x^2 et x^3 simultanément (x^1 restant fixe), nous obtiendrons ainsi une surface qui contiendra évidemment les deux courbes $x^2 = variable$ et $x^3 = variable$ issues du point M ; nous l'appellerons la surface $x^1 = constante$. On définira de même les surfaces $x^2 = constante$ et $x^3 = constante$ passant par M.

Ces courbes et ces surfaces que l'on peut ainsi attacher à tout point de l'espace sont dites *les courbes et les surfaces de coordonnées*.

Remarque. — La condition $\| \overrightarrow{x'_k} \| = 0$ exprime évidemment que les tangentes en M aux courbes de coordonnées qui y passent forment un véritable trièdre dont les faces seront les plans tangents aux surfaces de coordonnées.

Nous orienterons les arêtes de ce trièdre dans un sens arbitraire (par exemple en supposant qu'on prenne sur la courbe $x^1 = variable$ le sens des x^1 croissants comme sens d'orientation) et nous obtiendrons ainsi trois axes T^1, T^2, T^3, issus de M. Nous orienterons de même les normales en M aux surfaces de coordonnées (par exemple dans un sens tel que l'angle $\widehat{T^i N^i}$ soit aigu) et nous obtiendrons un nouveau trièdre N^1, N^2, N^3, supplémentaire du premier.

Le calcul des cosinus directeurs des tangentes se fait de suite, car on a

$$\frac{\cos \widehat{A^1 T^1}}{\overline{x^1_1}} = \frac{\cos \widehat{A^2 T^1}}{\overline{x^2_1}} = \frac{\cos \widehat{A^3 T^1}}{\overline{x^3_1}} = \frac{1}{\sqrt{(\overline{x^1_1})^2 + (\overline{x^2_1})^2 + (\overline{x^3_1})^2}} = \frac{1}{\sqrt{g_{11}}}$$

[d'après la formule (1)], ce qui donne

$$(2) \qquad \cos \widehat{A^r T^s} = \frac{\overline{x^r_s}}{\sqrt{g_{ss}}} \qquad (sans\ sommation).$$

De même, les cosinus directeurs de la normale N^1 devront satisfaire aux conditions d'orthogonalité

$$\overline{x^1_2} \cos \widehat{A^1 N^1} + \overline{x^2_2} \cos \widehat{A^2 N^1} + \overline{x^3_2} \cos \widehat{A^3 N^1} = 0,$$

$$\overline{x^1_3} \cos \widehat{A^1 N^1} + \overline{x^2_3} \cos \widehat{A^2 N^1} + \overline{x^3_3} \cos \widehat{A^3 N^1} = 0,$$

qui, résolues, donneront ([1])

$$\frac{\cos\widehat{A^1 N^1}}{x_1^1} = \cos\frac{\widehat{A^2 N^1}}{x_2^1} = \frac{\cos\widehat{A^3 N^1}}{x_3^1} = \frac{1}{\sqrt{(x_1^1)^2 + (x_2^1)^2 + (x_3^1)^2}} = \frac{1}{\sqrt{g^{11}}},$$

c'est-à-dire

$$(3) \qquad \cos\widehat{A^r N^s} = \frac{x_r^s}{\sqrt{g^{ss}}} \qquad (sans\ sommation)\ ([2]).$$

Des formules (2) et (3), on tire de suite les valeurs des cosinus des angles de deux tangentes ou de deux normales; on trouve ainsi, en se servant aussi des formules (1),

$$(4) \qquad \cos\widehat{T^p T^q} = \frac{g_{pq}}{\sqrt{g_{pp}\,g_{qq}}} \left.\rule{0pt}{2.2em}\right\}$$

$$(4') \qquad \cos\widehat{N^p N^q} = \frac{g^{pq}}{\sqrt{g^{pp}\,g^{qq}}} \left.\rule{0pt}{2.2em}\right\} (sans\ sommation).$$

58. Relation entre les tenseurs du premier ordre et les vecteurs de l'algèbre vectorielle ordinaire. — Donnons-nous maintenant un vecteur quelconque (M V) ayant son origine au point M. Il aura par rapport aux axes cartésiens des composantes, au sens habituel du mot, que nous pourrons regarder indifféremment comme les *composantes* contrevariantes ou covariantes d'un tenseur du premier ordre. Nous les appellerons $\bar\xi_1$, $\bar\xi_2$, $\bar\xi_3$ ou $\bar\xi^1$, $\bar\xi^2$, $\bar\xi^3$ sans prêter attention à la place des indices.

Dans le système des coordonnées curvilignes, ce même tenseur du premier ordre aura des composantes contrevariantes et covariantes, données par les règles de transformation des systèmes tensoriels; mais cette fois les composantes de types différents ne seront pas identiques.

A tout tenseur du premier ordre correspond donc ainsi, de façon univoque, un vecteur : nous allons chercher maintenant la signification géométrique des *composantes* de ce tenseur.

([1]) Par suite des relations $\bar{x}_2^{r}\,x_r^1 = 0$ et $\bar{x}_3^{r}\,x_r^1 = 0$ [form. (2), Chap. II].

([2]) Le signe de ce dernier radical est convenablement choisi, puisqu'on aura alors $\cos\widehat{N^s T^s} = \dfrac{1}{\sqrt{g_{ss}\,g^{ss}}}$, quantité positive.

Appelons, pour simplifier l'écriture :

$$(5) \begin{cases} P_{T^r} & \text{la mesure algébrique de la projection orthogonale du vecteur } (MV) \text{ sur la tangente } T^r, \\ P_{N^r} & \text{la mesure algébrique de la projection orthogonale du vecteur } (MV) \text{ sur la normale } N^r, \\ C_{T^r} & \text{la mesure algébrique de la composante suivant } T^r \text{ du vecteur } (MV) \text{ décomposé suivant les trois tangentes,} \\ C_{N^r} & \text{la mesure algébrique de la composante suivant } N^r \text{ du vecteur } (MV) \text{ décomposé suivant les trois normales.} \end{cases}$$

Une application immédiate du théorème des projections donne les relations

$$\begin{aligned} P_{T^r} &= \sum_i \overline{\xi}_i \cos\widehat{A^i T^r} = \sum_i \frac{\overline{\overline{\xi}}_i \overline{x}^i_r}{\sqrt{g_{rr}}} \\[4pt] P_{N^r} &= \sum_i \overline{\xi}^i \cos\widehat{A^i N^r} = \sum_i \frac{\overline{\xi}^i x^r_i}{\sqrt{g^{rr}}} \end{aligned} \Biggr\} \ (\textit{pas de sommation en } r),$$

$$\overline{\xi}^i = \sum_r C_{T^r} \cos\widehat{A^i T^r} = \sum_r \frac{C_{T^r} \overline{x}^i_r}{\sqrt{g_{rr}}},$$

$$\overline{\xi}_i = \sum_r C_{N^r} \cos\widehat{A^i N^r} = \sum_r \frac{C_{N^r} x^r_i}{\sqrt{g^{rr}}}.$$

D'autre part, on a, d'après les lois de transformation des systèmes tensoriels,

$$\xi_r = \sum_i \overline{\xi}_i \overline{x}^i_r \qquad \text{et} \qquad \overline{\xi}^i = \sum_r \xi^r \overline{x}^i_r,$$

$$\xi^r = \sum_i \overline{\xi}^i \underline{x}^r_i \qquad \text{et} \qquad \overline{\xi}_i = \sum_r \xi_r \underline{x}^r_i,$$

d'où, par comparaison avec les formules précédentes [1],

$$(6) \begin{cases} P_{T^r} = \dfrac{\xi_r}{\sqrt{g_{rr}}}, & C_{T^r} = \sqrt{g_{rr}}\,\xi^r \\[10pt] P_{N^r} = \dfrac{\xi^r}{\sqrt{g^{rr}}}, & C_{N^r} = \sqrt{g^{rr}}\,\xi_r \end{cases} \Biggr\} \ (\textit{sans sommation}).$$

Le lecteur reconnaîtra sans peine que les indices des quantités surlignées, dont la place était sans importance, n'ont pas été mis au hasard et qu'on s'est arrangé au contraire pour faciliter la comparaison en question.

Ces formules résolvent le problème et nous donnent ainsi une double interprétation géométrique des composantes covariantes ou contrevariantes en coordonnées générales; il faudra donc bien se garder de confondre ces *composantes* d'un tenseur du premier ordre avec ce que l'on appelle habituellement composantes d'un vecteur, ces deux notions ne coïncident qu'en coordonnées cartésiennes orthogonales.

Remarque. — Dans la plupart des cas usuels, les coordonnées curvilignes employées sont *orthogonales*, c'est-à-dire que le trièdre des tangentes est trirectangle et se confond avec le trièdre des normales. Comme le montrent alors les formules (4), le ds^2 ne contient que des termes carrés et le groupe des formules (6) se réduit à une seule formule.

On en déduit de suite qu'il y a entre les composantes contrevariantes et covariantes de même rang les relations simples

ou encore

ce qui entraîne

$$\xi_r = g_{rr}\xi^r$$
$$\xi^r = g^{rr}\xi_r \qquad (sans\ sommation)\ (^1).$$
$$g^{rr} = \frac{1}{g_{rr}}$$

59. Longueur d'un vecteur. — En coordonnées cartésiennes orthogonales, la longueur du vecteur (MV) est donnée par la formule

$$l^2 = (\overline{\xi^1})^2 + (\overline{\xi^2})^2 + (\overline{\xi^3})^2,$$

qui peut s'écrire tout aussi bien

$$l^2 = \overline{g_{ik}}\,\overline{\xi^i}\,\overline{\xi^k}.$$

Or, sous cette dernière forme, le second membre a le caractère tensoriel d'un invariant et par suite, dans un système de coordonnées quelconques, la longueur s'exprimera sous la forme

$$(7) \qquad l^2 = g_{ik}\xi^i\xi^k = \xi_k\xi^k = g^{ik}\xi_i\xi_k.$$

(^{1}) Le lecteur pourra à titre d'exercice appliquer ce qui vient d'être dit des coordonnées curvilignes aux coordonnées cartésiennes *obliques;* ce cas est caractérisé par le fait que les coefficients g_{ik} sont des constantes et que, *de plus,* $g_{ik} = 1$ *si* $i = k$.

60. Produit scalaire de deux vecteurs. — Étant donnés deux vecteurs (MV) et (MV'), de composantes respectives $\overline{\xi}^i$ et $\overline{\eta}^i$ dans le système cartésien orthogonal, on appelle produit scalaire de ces deux vecteurs l'expression

$$\overline{\xi}^1\overline{\eta}^1 + \overline{\xi}^2\overline{\eta}^2 + \overline{\xi}^3\overline{\eta}^3 \quad (^1),$$

qui peut encore s'écrire

$$\overline{g}_{ik}\overline{\xi}^i\overline{\eta}^k.$$

Sous cette forme, cette expression a ici encore le caractère tensoriel d'un invariant; en coordonnées générales, le produit scalaire aura donc pour valeur

$$(8) \qquad g_{ik}\xi^i\eta^k = \xi_k\eta^k = \xi^k\eta_k = g^{ik}\xi_i\eta_k.$$

61. Élément linéaire à deux dimensions. — Soient deux vecteurs indépendants $(^2)$ (MV) et (MV'), issus du point M. Ces deux vecteurs déterminent : 1° un plan passant par M; 2° une aire, celle du parallélogramme construit sur eux; 3° un sens de rotation dans ce plan, si l'on énonce les vecteurs dans un ordre déterminé.

En coordonnées cartésiennes rectangulaires, ces trois éléments plan, aire et sens sont parfaitement déterminés par la donnée des trois déterminants

$$\overline{\sigma}^{12} = \begin{vmatrix} \overline{\xi}^1 & \overline{\xi}^2 \\ \overline{\eta}^1 & \overline{\eta}^2 \end{vmatrix}, \qquad \overline{\sigma}^{23} = \begin{vmatrix} \overline{\xi}^2 & \overline{\xi}^3 \\ \overline{\eta}^2 & \overline{\eta}^3 \end{vmatrix}, \qquad \overline{\sigma}^{31} = \begin{vmatrix} \overline{\xi}^3 & \overline{\xi}^1 \\ \overline{\eta}^3 & \overline{\eta}^1 \end{vmatrix},$$

qui mesurent algébriquement les aires des projections du parallélogramme en question sur les plans de coordonnées. Inversement du reste, la donnée des seules quantités $\overline{\sigma}^{12}$, $\overline{\sigma}^{23}$, $\overline{\sigma}^{31}$ permet de remonter d'une infinité de manières aux vecteurs (MV) et (MV') qui ont donné naissance aux éléments géométriques considérés. Nous conviendrons donc de dire que ces trois quantités déterminent un *élément linéaire à deux dimensions* qui sera, pour les multiplicités à deux dimensions, le correspondant du vecteur pour les multiplicités à une dimension.

$(^1)$ Ce produit scalaire est encore égal, comme l'on sait, au produit des longueurs des deux vecteurs par le cosinus de leur angle.

$(^2)$ C'est-à-dire n'ayant pas le même support.

Aux éléments

$$\text{support rectiligne, longueur, sens,}$$

déterminant le vecteur, correspondront les éléments

$$\text{support plan, aire, sens de rotation,}$$

déterminant l'élément linéaire.

Les composantes de l'élément, qu'on peut écrire sous forme abrégée

$$\overline{\sigma}^{ik} = \overline{\xi}^i \overline{\eta}^k - \overline{\xi}^k \overline{\eta}^i,$$

se transformeront d'après les lois tensorielles et détermineront dans un système de coordonnées quelconques un tenseur du second ordre symétrique gauche

$$\sigma^{ik} = \xi^i \eta^k - \xi^k \eta^i,$$

et inversement tout tenseur symétrique gauche du second ordre est susceptible de cette interprétation géométrique ([1]).

Aire de l'élément linéaire à deux dimensions. — En coordonnées cartésiennes rectangulaires, cette aire serait donnée par la formule

$$S^2 = (\overline{\sigma}^{12})^2 + (\overline{\sigma}^{23})^2 + (\overline{\sigma}^{31})^2,$$

qu'on peut encore écrire

$$S^2 = \frac{1}{2} \overline{g}_{il} \overline{g}_{km} \overline{\sigma}^{ik} \overline{\sigma}^{lm}.$$

Cette expression étant mise sous forme tensorielle, on aura donc aussi en coordonnées curvilignes quelconques

$$(9) \qquad S^2 = \frac{1}{2} g_{il} g_{km} \sigma^{ik} \sigma^{lm} = \frac{1}{2} \sigma^{ik} \sigma_{ik} \quad (2).$$

([1]) Cette interprétation n'est cependant valable que pour l'espace à trois dimensions (*cf.* PAULI, *Relativitätstheorie*, p. 578).

Le lecteur pourra rechercher, en appliquant les formules (6), la signification géométrique des composantes générales σ^{ik} (ou des composantes covariantes), signification particulièrement simple si les coordonnées curvilignes sont orthogonales.

H. Weyl appelle les tenseurs de ce type des tenseurs linéaires du second ordre.

([2]) L'élément linéaire à deux dimensions pourrait encore être déterminé par la donnée dans un plan d'une courbe fermée affectée d'un sens de parcours. Si

62. Élément linéaire à trois dimensions. — Trois vecteurs (MV), (MV'), (MV''), issus du point M et non situés dans un même plan, déterminent un volume : celui du parallélépipède construit sur eux, volume que l'on peut affecter d'un signe si les vecteurs sont énoncés dans un ordre déterminé.

En coordonnées cartésiennes rectangulaires, ce volume a pour expression

$$\mathcal{V} = \begin{vmatrix} \overline{\xi}^1 & \overline{\xi}^2 & \overline{\xi}^3 \\ \overline{\eta}^1 & \overline{\eta}^2 & \overline{\eta}^3 \\ \overline{\zeta}^1 & \overline{\zeta}^2 & \overline{\zeta}^3 \end{vmatrix},$$

$\overline{\xi}^i$, $\overline{\eta}^i$, $\overline{\zeta}^i$ désignant les composantes respectives des trois vecteurs.

Pour avoir ce volume en coordonnées générales, il suffit d'exprimer $\overline{\xi}^i$, $\overline{\eta}^i$, $\overline{\zeta}^i$ en fonction de ξ^i, η^i, ζ^i [form. (4), Chap. II] et les règles de multiplication des déterminants donneront de suite

$$\mathcal{V} = \begin{vmatrix} \xi^1 & \xi^2 & \xi^3 \\ \eta^1 & \eta^2 & \eta^3 \\ \zeta^1 & \zeta^2 & \zeta^3 \end{vmatrix} \times \frac{D(\overline{x}^1, \overline{x}^2, \overline{x}^3)}{D(x^1, x^2, x^3)}.$$

Or, on a

$$g = \overline{g} \times \left[\frac{D(\overline{x}^1, \overline{x}^2, \overline{x}^3)}{D(x^1, x^2, x^3)} \right]^2,$$

et comme ici $\overline{g} = 1$, on met l'expression du volume en coordonnées générales sous la forme

$$(10) \qquad \mathcal{V} = \sqrt{\overline{g}} \begin{vmatrix} \xi^1 & \xi^2 & \xi^3 \\ \eta^1 & \eta^2 & \eta^3 \\ \zeta^1 & \zeta^2 & \zeta^3 \end{vmatrix}.$$

II. — EXEMPLES ET APPLICATIONS TIRÉS DE LA MÉCANIQUE CLASSIQUE.

Nous traiterons tous ces exemples, à moins d'indications contraires en coordonnées cartésiennes (*rectangulaires ou*

---

les x^i représentent les coordonnées d'un point courant de la courbe, les composantes de l'élément seront les intégrales

$$\sigma^{ik} = \frac{1}{2} \int x^i \, dx^k - x^k \, dx^i$$

étendues au contour parcouru dans le sens donné.

obliques), c'est-à-dire que nous n'envisagerons que des substitutions linéaires sur les variables. L'égalité des composantes de même type de deux tenseurs attachés en des points différents a alors une signification indépendante du système de coordonnées et caractérise des tenseurs *équipollents*.

63. **Exemples de tenseurs du premier ordre.** — *Vitesse et accélération.* — Soit un point M mobile par rapport à un certain système d'axes, ses coordonnées x^i prendront si le temps varie de l'instant t à l'instant $t + dt$ des accroissements dont les parties principales dx^i représentent par nature même les composantes contrevariantes d'un vecteur infiniment petit.

Le vecteur (V), vitesse du point M, aura ainsi des composantes contrevariantes données par les formules

$$(11) \qquad u^i = \frac{dx^i}{dt} \quad (^1).$$

De la formule de transformation qui en découle : $\bar{u}^i = \overline{x^i_{,r}} u^r$, on déduit, par dérivation, puisque ici les dérivées partielles $\overline{x^i_{,r}}$ sont des constantes $(^2)$,

$$\frac{\overline{du^i}}{dt} = \overline{x^i_{,r}} \frac{du^r}{dt},$$

ce qui donne les composantes contrevariantes de l'accélération sous la forme

$$(12) \qquad \gamma^i = \frac{du^i}{dt} = \frac{d^2 x^i}{dt^2}.$$

Quantité de mouvement. — Si l'on appelle m la masse du point M, la quantité de mouvement de ce point sera le vecteur m(V) ayant les composantes contrevariantes $m u^i$.

(^{1}) Ces composantes contrevariantes coïncident avec les composantes de la vitesse au sens habituel du mot en vertu des formules (6) de ce Chapitre et de la remarque faite en note page 77. Il n'en serait pas ainsi si les coordonnées employées étaient curvilignes.

(^{2}) Naturellement tout ceci suppose que les x^i sont soumises à des substitutions linéaires *à coefficients indépendants du temps*, c'est-à-dire que l'on passe d'un système d'axes de coordonnées à un autre au repos par rapport à lui. L'étude du cas où il n'en serait pas ainsi permettrait de retrouver les théorèmes de composition des vitesses ou des accélérations.

Si enfin on a plusieurs points matériels formant un système déformable ou rigide, on appellera quantité de mouvement du système la somme géométrique des quantités de mouvement de chacun des points; c'est donc un vecteur *libre*, ayant pour composantes contrevariantes

$$(13) \qquad G^i = \mathbf{S}\, m\, u^i,$$

le signe $\mathbf{S}$ désignant une sommation étendue aux différents points matériels ([1]).

Force. — Supposons qu'au point M soit appliquée une certaine force (F).

1° Nous pourrons la regarder comme productrice d'accélération et la déterminer au moyen de l'équation vectorielle

$$(\text{force}) = \text{masse} \times (\text{accélération}).$$

Considérée de ce point de vue, la force apparaîtra comme un tenseur du premier ordre ayant pour composantes contrevariantes les quantités

$$(14) \qquad X^i = m\gamma^i.$$

2° Nous pouvons au contraire partir de la notion de travail. Supposons que nous donnions successivement au point M trois déplacements virtuels égaux à l'unité de longueur positive parallèlement à chacun des axes de coordonnées et soient X_1, X_2, X_3 les travaux correspondants effectués par la force.

Dans un déplacement infiniment petit quelconque du point M, de composantes dx^i, le travail effectué par la force aura pour expression

$$X_i\, dx^i.$$

Or ce travail a une signification physique indépendante du système de coordonnées, c'est donc un invariant, et cela quel que soit le déplacement dx^i. Les quantités X_i apparaissent alors comme les composantes covariantes de la force, composantes qui

---

[1] Cette sommation serait naturellement remplacée par une intégration dans le cas d'un système continu.

s'introduisent ainsi naturellement si l'on part de l'équation

$$\text{travail} = (\text{force}) \times (\text{déplacement}) \qquad (\text{multiplication scalaire}) \quad (^1).$$

64. Exemples de tenseurs du deuxième ordre. — *Produit vectoriel.* — Soient deux vecteurs de même origine, de composantes contrevariantes ξ^i et η^i, on en déduit par la formule

$$\sigma^{ik} = \xi^i \eta^k - \xi^k \eta^i$$

un tenseur symétrique gauche qui s'appellera le *produit vectoriel* des deux vecteurs donnés (^{2}).

Dans l'espace à trois dimensions, un tenseur symétrique gauche du deuxième ordre n'a que trois composantes distinctes non nulles. En Mécanique classique, on a pris l'habitude de représenter ce produit vectoriel par un vecteur, mais cela n'aurait pas été possible dans un espace à un nombre différent de dimensions, le nombre de composantes distinctes non nulles d'un tenseur symétrique gauche ne coïncidant plus avec le nombre des composantes d'un vecteur (^{3}).

En étudiant d'un peu plus près cette assimilation, nous allons montrer qu'elle n'est même possible qu'en coordonnées cartésiennes *rectangulaires*. Supposons que nous n'utilisions en effet que des axes *rectangulaires de même sens*. Si l'on appelle ζ^i les composantes contrevariantes d'un vecteur arbitraire, le déterminant

$$\begin{vmatrix} \xi^1 & \xi^2 & \xi^3 \\ \eta^1 & \eta^2 & \eta^3 \\ \zeta^1 & \zeta^2 & \zeta^3 \end{vmatrix}$$

(^{1}) Naturellement, les vecteurs vitesse, accélération, quantité de mouvement ont aussi des composantes covariantes, mais leur signification physique ne s'impose pas immédiatement comme c'est le cas pour la force.

(^{2}) Nous avons donné au n° 61 une interprétation des tenseurs de cette nature à l'aide de la notion d'élément linéaire à deux dimensions.

(^{3}) C'est déjà par suite de cette particularité que le moment d'un vecteur par rapport à un point (qui est un cas particulier de produit vectoriel) est représenté par un vecteur dans la mécanique de l'espace et seulement par un nombre algébrique dans la mécanique du plan.

On trouve encore une conséquence de cette différence de nature dans la distinction qu'on est conduit à introduire en Physique entre *vecteurs polaires* et *vecteurs axiaux*, ces derniers étant en réalité des tenseurs du second ordre symétriques gauches (c. t. I, p. 46).

représente le volume du parallélépipède construit sur les trois vecteurs (ξ), (η), (ζ), et est par suite invariant par rapport à tout changement de coordonnées *rectangulaires*. Or ce déterminant s'écrit

$$\sigma^{23}\zeta^1 + \sigma^{31}\zeta^2 + \sigma^{12}\zeta^3,$$

et d'après le criterium décelant le caractère tensoriel (Chap. II, n° 35) nous pouvons regarder les trois quantités σ^{23}, σ^{31}, σ^{12} comme les trois composantes covariantes d'un tenseur du premier ordre et poser

$$\sigma^{23} = \pm \Sigma_1, \qquad \sigma^{31} = \pm \Sigma_2, \qquad \sigma^{12} = \pm \Sigma_3.$$

En Mécanique classique, on précise le signe par une convention d'orientation convenable et le produit vectoriel se trouve ainsi complètement assimilé à un vecteur.

Cas particuliers du produit vectoriel. — En formant le produit vectoriel du vecteur (OM) et du vecteur équipollent à la quantité de mouvement du point M mené par l'origine, on obtient le tenseur *moment de la quantité de mouvement du point M par rapport à* O. ayant comme composantes contrevariantes

$$(15) \qquad \lambda^{ik} = m(u^i x^k - u^k x^i),$$

En additionnant les tenseurs analogues relatifs à plusieurs points on aura le moment de la quantité de mouvement du système formé par ces points.

Par un procédé tout à fait semblable, le produit vectoriel s'introduira encore comme *moment d'une force (ou d'un système de forces)* par rapport à l'origine avec les composantes contrevariantes

$$(16) \qquad L^{ik} = X^i x^k - X^k x^i.$$

Équations de la dynamique du corps solide. — Avec ces notations, les six équations de la dynamique du solide indéformable s'écrivent sous la forme

$$(17) \qquad \begin{cases} \dfrac{dG^i}{dt} = X^i, \\[2mm] \dfrac{d\lambda^{ik}}{dt} = L^{ik}, \end{cases}$$

X^i représentant l'ensemble des forces extérieures appliquées au corps et L^{ik} l'ensemble de leurs moments par rapport à l'origine.

Rotation instantanée d'un corps solide autour d'un point fixe. — Nous trouverons dans cette question. que nous traiterons comme les précédentes en axes cartésiens quelconques (ayant leur origine au point fixe), un autre exemple intéressant de tenseur symétrique gauche du deuxième ordre.

Si nous faisons subir au corps solide une rotation infiniment petite autour du point fixe, un quelconque de ses points M, de coordonnées x^i. vient en une position voisine M', de coordonnées $x^i + \delta x^i$. Si l'on connaissait les éléments de la rotation. le problème se ramènerait à un changement d'axes et les coordonnées de M' s'exprimeraient évidemment par des fonctions linéaires et homogènes de celles de M. Il en est alors de même des accroissements δx^i qui peuvent s'écrire

$$(18) \qquad\qquad \delta x^i = \varepsilon^i_k x^k.$$

Or, en coordonnées cartésiennes, les coordonnées x^i du point M représentent les composantes contrevariantes du vecteur (OM) et il ressort de l'équation ci-dessus que les coefficients ε^i_k sont les composantes mixtes d'un tenseur du deuxième ordre, composantes qui sont naturellement infiniment petites.

Mais les quantités ε^i_k ne sont pas quelconques, car la transformation passant de M à M' n'est pas la transformation linéaire homogène la plus générale. Il faut tenir compte du fait que $OM = OM'$, ce qui se traduit par l'équation

$$\delta(g_{ik} x^i x^k) = 0,$$

ou encore, les g_{ik} étant des constantes.

$$g_{ik} x^i \delta x^k + g_{ik} x^k \delta x^i = 0.$$

Il est évident que les termes du second groupe répètent ceux du premier et cette condition peut s'écrire

$$g_{ik} x^i \delta x^k = 0,$$

ou encore, d'après (18),

$$g_{ik} \varepsilon^k_j x^i x^j = 0.$$

ou enfin

$$\varepsilon_{is}\, x^i\, x^s = 0.$$

Cette forme quadratique doit être nulle quel que soit le point M, c'est-à-dire quelles que soient les valeurs des x^i; cela entraîne évidemment la condition

$$\varepsilon_{is} + \varepsilon_{si} = 0,$$

c'est-à-dire que le tenseur infiniment petit ε_{is} doit être symétrique gauche.

Inversement, on vérifie de suite que si cette condition de symétrie gauche est remplie, non seulement la distance du point M à l'origine, mais encore la distance de deux points quelconques du corps reste invariable pendant la transformation, c'est-à-dire que le tenseur ε_{is} caractérise sans aucune ambiguïté la rotation infiniment petite.

En divisant les composantes de ce tenseur par la durée δt de la rotation et en passant à la limite, on définira le *tenseur rotation instantanée* du solide à l'instant t par ses composantes covariantes

$$\omega_{is} = \lim_{\delta t = 0} \frac{\varepsilon_{is}}{\delta t} \qquad (\omega_{is} = -\,\omega_{si}).$$

La vitesse du point M aura alors pour composantes contrevariantes

$$(19) \qquad u^i = \lim_{\delta t = 0} \frac{\partial x^i}{\delta t} = \omega^i_{\;k}\, x^k,$$

et pour composantes covariantes

$$(19') \qquad u_i = \omega_{ik}\, x^k$$

(formules fondamentales de la cinématique du corps solide).

En Mécanique classique, on se sert d'axes rectangulaires et l'on assimile, comme nous l'avons dit plus haut, le tenseur symétrique gauche à un vecteur en posant

$$(20) \qquad \left\{ \begin{aligned} \omega_{32} &= -\,\omega_{23} = p, \\ \omega_{13} &= -\,\omega_{31} = q, \\ \omega_{21} &= -\,\omega_{12} = r. \end{aligned} \right.$$

Les formules $(19')$ prennent alors la forme classique (en écrivant

x, y, z à la place de x^1, x^2, x^3)

$$u_1 = q\,z - r\,y,$$
$$u_2 = r\,x - p\,z,$$
$$u_3 = p\,y - q\,x \quad (^1).$$

65. Exemple de tenseur symétrique du second ordre. — *Moments d'inertie.* — Étant donné un point matériel M, de masse m, nous appellerons *inertie de rotation autour de l'origine* le tenseur symétrique dont les composantes contrevariantes sont

$$m\,x^i x^k.$$

Pour un système de points ce même tenseur aura pour composantes contrevariantes

$$(21) \qquad I^{ik} = \mathbf{S}\, m\,x^i x^k.$$

66. Mouvement d'un corps solide autour d'un point fixe. Équations d'Euler. — L'étude du problème classique du mouvement d'un corps solide pivotant autour d'un point fixe va nous fournir une excellente application des méthodes générales du calcul tensoriel.

Nous rapporterons l'espace à un système d'axes *fixes* rectilignes quelconques ayant leur origine au point fixe et nous désignerons par $\bar{x}^i$ les coordonnées correspondantes.

Les équations du mouvement s'écrivent immédiatement dans ce système sous la forme

$$\frac{d\bar{\lambda}_{ik}}{dt} = \bar{L}_{ik},$$

avec

$$\bar{\lambda}_{ik} = \mathbf{S}\, m\,(\bar{u}_i \bar{x}_k - \bar{u}_k \bar{x}_i).$$

(^{1}) Les formules (19′) sont valables en coordonnées cartésiennes obliques, dans un espace à un nombre quelconque de dimensions. Il est alors à remarquer que l'existence d'un axe instantané de rotation (lieu des points du solide dont la vitesse est nulle à l'instant t) est liée à la résolubilité du système d'équations linéaires homogènes

$$\omega_{ik}\, x^k = 0.$$

Pour $n = 3$, le déterminant du système est nul et il y a des points à vitesse nulle, en dehors de l'origine. Il n'en serait plus de même en général (pour $n = 4$ par exemple).

Mais, d'autre part, le corps solide pivotant autour du point fixe O sera animé à chaque instant d'une rotation instantanée, caractérisée par un tenseur symétrique gauche $\overline{\omega}_{ik}$ fonction du temps et l'on aura

$$\overline{u}_i = \overline{\omega}_{ir}\,\overline{x}^r.$$

L'expression de $\overline{\lambda}_{ik}$ deviendra alors

$$\overline{\lambda}_{ik} = \mathbf{S}\, m\left(\overline{\omega}_{ir}\,\overline{x}^r\,\overline{x}_k - \overline{\omega}_{kr}\,\overline{x}^r\,\overline{x}_i\right),$$

ou encore

$$\overline{\lambda}_{ik} = \overline{\omega}_{ir}\,\overline{I}_k^r - \overline{\omega}_{kr}\,\overline{I}_i^r.$$

Mais les composantes mixtes $\overline{I}_k^r$ du tenseur d'inertie sont des fonctions inconnues du temps puisque le solide se déplace par rapport aux axes fixes. Pour éviter les difficultés qui en résultent, nous introduirons de nouveaux axes de coordonnées *liés au corps*, nous représenterons par x^i les coordonnées correspondantes et nous transcrirons les équations du mouvement dans ce nouveau système.

Il se présente ici une difficulté intéressante. Les équations du mouvement n'ont en effet la forme tensorielle que pour des changements de variables linéaires à coefficients indépendants du temps ; en effet, l'équation

$$\overline{\lambda}_{ik} = \underline{x}_i^r\,\underline{x}_k^s\,\lambda_{rs}$$

montre de suite que $\dfrac{d\overline{\lambda}_{ik}}{dt}$ ne se transforme comme un système covariant que dans les conditions que nous venons de mentionner. Or ici précisément nous voulons passer d'un système fixe à un système mobile, c'est-à-dire envisager des substitutions à coefficients fonctions du temps.

Mais cette difficulté ne se serait pas présentée pour un invariant, car alors, dans le passage d'un système de coordonnées à un autre, il ne s'introduit aucun facteur x_i^r. Cette remarque nous indique la marche à suivre. Nous ferons choix de deux vecteurs *arbitraires, liés aux axes fixes*, de composantes contrevariantes $\overline{\xi}^i$ et $\overline{\eta}^i$ et les équations du mouvement se condenseront dans la suivante

$$\overline{\xi}^i\,\overline{\eta}^k\left[\frac{d\overline{\lambda}_{ik}}{dt} - \overline{L}_{ik}\right] = 0,$$

qui devra être vérifiée *quels que soient les vecteurs* $\overline{\xi}^i$ *et* $\overline{\eta}^i$.

Or cette équation s'écrit aussi bien, puisque les vecteurs arbitraires sont fixes.

$$\frac{d}{dt}\left(\bar{\xi}^i\,\bar{\eta}^k\,\bar{\lambda}_{ik}\right) - \bar{\xi}^i\,\bar{\eta}^k\,\overline{L}_{ik} = 0,$$

et, en vertu de la remarque faite plus haut, elle se transpose immédiatement dans le système mobile sous la forme

$$\frac{d}{dt}\left(\xi^i\,\eta^k\,\lambda_{ik}\right) - \xi^i\,\eta^k\,L_{ik} = 0.$$

Naturellement, les composantes ξ^i et η^i par rapport aux axes mobiles sont des fonctions du temps et, en développant, nous aurons

$$\xi^i\eta^k\frac{d\lambda_{ik}}{dt} + \lambda_{ik}\left(\xi^i\frac{d\eta^k}{dt} + \eta^k\frac{d\xi^i}{dt}\right) - \xi^i\eta^k L_{ik} = 0.$$

Or, $\dfrac{d\xi^i}{dt}$, par exemple, représente la vitesse de l'extrémité du vecteur ξ^i lié aux axes fixes; le mouvement de ces derniers par rapport aux axes mobiles est caractérisé à chaque instant par le tenseur rotation instantanée $-\,\omega_{ik}$ et l'on a donc, d'après la formule (19) du n° 64,

$$\frac{d\xi^i}{dt} = -\,\omega^i_{,r}\,\xi^r$$

et de même

$$\frac{d\eta^k}{dt} = -\,\omega^k_{,r}\,\eta^r.$$

L'équation du mouvement devient alors

$$\xi^i\eta^k\frac{d\lambda_{ik}}{dt} - \lambda_{ik}\left(\omega^k_{,r}\xi^i\eta^r + \omega^i_{,r}\xi^r\eta^k\right) - \xi^i\eta^k L_{ik} = 0,$$

ou encore, en changeant le nom de quelques indices muets,

$$\xi^i\eta^k\left[\frac{d\lambda_{ik}}{dt} - \lambda_{i\alpha}\omega^\alpha_{,k} - \lambda_{\beta k}\omega^\beta_{,i} - L_{ik}\right] = 0.$$

Cette équation unique est alors équivalente au système d'équations

$$\frac{d\lambda_{ik}}{dt} - \lambda_{i\alpha}\omega^\alpha_{,k} - \lambda_{\beta k}\omega^\beta_{,i} = L_{ik}.$$

Il suffit de donner aux indices i et k des valeurs différentes, en se limitant à $i < k$, car le premier membre ne fait que changer de signe si l'on y permute i et k. On obtient ainsi les trois équations du mouvement du corps solide.

On peut transformer un peu ces équations en y remplaçant λ_{ik} par sa valeur explicite

$$\lambda_{ik} = \omega_{ir} I^r_k - \omega_{kr} I^r_i.$$

Ici les composantes du tenseur d'inertie sont des constantes et l'on obtient

$$I^r_k \frac{d\omega_{ir}}{dt} - I^r_i \frac{d\omega_{kr}}{dt} - \left[\omega_{ir} I^r_\alpha - \omega_{\alpha r} I^r_i \right] \omega^\alpha_{.k} - \left[\omega_{\beta r} I^r_k - \omega_{kr} I^r_\beta \right] \omega^\beta_{.i} = L_{ik}.$$

Or les deux termes

$$- \omega_{ir} \omega^\alpha_{.k} I^r_\alpha \quad \text{et} \quad + \omega_{kr} \omega^\beta_{.i} I^r_\beta$$

s'écrivent encore

$$- \omega_{ir} \omega_{\alpha k} I^{r\alpha} \quad \text{et} \quad + \omega_{kr} \omega_{\beta i} I^{r\beta},$$

et par suite se détruisent en vertu des propriétés de symétrie droite ou gauche des deux tenseurs ω_{ik} et I^{ik}.

Nous poserons encore

$$w_{rk} = \omega_{\alpha r} \omega^\alpha_{.k} = g^{\alpha s} \omega_{\alpha r} \omega_{sk} \qquad (w_{rk} \text{ est un tenseur symétrique}),$$

et nos équations prendront la forme

$$(22) \qquad I^r_k \frac{d\omega_{ir}}{dt} - I^r_i \frac{d\omega_{kr}}{dt} + I^r_i w_{rk} - I^r_k w_{ri} = L_{ik}.$$

On a ainsi un système de trois équations différentielles du premier ordre qui permettront de calculer en fonction du temps et des données initiales les trois composantes distinctes non nulles du tenseur rotation instantanée. Les dérivées des fonctions inconnues y entrent de façon linéaire et les fonctions elles-mêmes sous forme quadratique (par le tenseur w_{rk}).

À titre d'exercice, transcrivons-les en *axes rectangulaires*, nous allons retrouver les classiques équations d'Euler. Nous choisirons comme axes liés au corps les axes principaux d'inertie relatifs au point O.

On aura alors

$$I_k^i = \begin{cases} 0 & \text{si} \quad i \neq k, \\ \mathbf{S}\, m(x^i)^2 & \text{si} \quad i = k, \end{cases}$$

Nous poserons d'après les notations usuelles

$$A = I_2^2 + I_3^3,$$
$$B = I_3^3 + I_1^1,$$
$$C = I_1^1 + I_2^2;$$

d'autre part, nous avons

$$\omega_{32} = -\,\omega_{23} = p,$$
$$\omega_{13} = -\,\omega_{31} = q,$$
$$\omega_{21} = -\,\omega_{12} = r,$$

et nous poserons de même

$$L_{32} = -\,L_{23} = L,$$
$$L_{13} = -\,L_{31} = M,$$
$$L_{21} = -\,L_{12} = N.$$

Prenons par exemple l'équation correspondant à $i = 3$, $k = 2$, elle s'écrira

$$I_2^2 \frac{dp}{dt} + I_3^3 \frac{dp}{dt} + \left(I_3^3 - I_2^2\right) w_{32} = L.$$

Il reste à caluler w_{32}; or on a

$$w_{32} = g^{\lambda s}\, \omega_{\alpha 3}\, \omega_{s2} = \sum_\alpha \omega_{\alpha 3}\, \omega_{\alpha 2},$$

la seule valeur de α donnant des termes non nuls est évidemment $\alpha = 1$ et par suite

$$w_{32} = \omega_{13}\, \omega_{12} = -\,qr.$$

D'où enfin l'équation

$$A \frac{dp}{dt} + (C - B)\, qr = L,$$

qui est bien conforme au résultat que nous avions fait prévoir.

67. Déformation d'un milieu continu. — Nous allons reprendre rapidement avec les notations tensorielles cette question déjà traitée dans un tome précédent (t. III, Chap. XXXII).

Soient $\overline{x}^i$ les coordonnées cartésiennes *rectangulaires* par rapport à des axes fixes d'un point P quelconque du milieu à l'état initial; supposons que le milieu se déforme d'une façon continue; après la déformation le point P occupera une nouvelle position P_1 de coordonnées $\overline{x}^i + \overline{\xi}^i$. Les composantes $\overline{\xi}^i$ du déplacement (PP_1) sont en général des fonctions des $\overline{x}^i$ que nous supposerons continues et dérivables.

Nous allons maintenant étudier comment la déformation modifie une portion très petite du milieu entourant le point P. Considérons donc un point P' de l'état initial très voisin de P et de coordonnées $\overline{x}^i + d\overline{x}^i$; après la déformation, ce point viendra en une position P_1' dont les coordonnées pourront s'écrire

$$\overline{x}^i + d\overline{x}^i + \overline{\xi}^i + \frac{\partial \overline{\xi}^i}{\partial \overline{x}^r} d\overline{x}^r,$$

en développant par la formule de Taylor les fonctions $\overline{\xi}^i$ au point P' et en se bornant aux deux premiers termes.

Le déplacement $(P'P_1')$ peut alors se décomposer en deux autres :

1° Une translation de composantes $\overline{\xi}^i$, affectant de la même façon tout l'entourage immédiat du point P, comme s'il s'agissait d'un corps solide;

2° Un déplacement supplémentaire de composantes

$$(23) \qquad \overline{U}^i = \frac{\partial \overline{\xi}^i}{\partial \overline{x}^r} d\overline{x}^r.$$

Pour étudier les modifications que cette dernière déformation fait subir au milieu, cherchons comment se modifie la distance PP'. Nous poserons

$$ds = PP', \qquad ds_1 = P_1 P_1',$$

et nous aurons par suite

$$(ds)^2 = (d\overline{x}^1)^2 + (d\overline{x}^2)^2 + (d\overline{x}^3)^2,$$
$$(ds_1)^2 = \left(d\overline{x}^1 + \frac{\partial \overline{\xi}^1}{\partial \overline{x}^r} d\overline{x}^r \right)^2 + \left(d\overline{x}^2 + \frac{\partial \overline{\xi}^2}{\partial \overline{x}^r} d\overline{x}^r \right)^2 + \left(d\overline{x}^3 + \frac{\partial \overline{\xi}^3}{\partial \overline{x}^r} d\overline{x}^r \right)^2.$$

Nous ferons de plus l'*hypothèse supplémentaire que la déformation est infiniment petite*, c'est-à-dire de façon précise que les fonctions ξ^i ainsi que leurs dérivées partielles premières sont des quantités très petites dont on peut négliger les carrés et les produits.

Nous pourrons alors écrire, par soustraction des deux égalités précédentes,

$$(24) \qquad (ds_1)^2 - (ds)^2 = 2\,\overline{\mathrm{R}}_{rs}\,\overline{dx^r}\,\overline{dx^s},$$

en posant

$$(25) \qquad \overline{\mathrm{R}}_{rs} = \frac{1}{2}\left[\frac{\partial \overline{\xi}_r}{\partial \overline{x^s}} + \frac{\partial \overline{\xi}_s}{\partial \overline{x^r}}\right] \quad (^1).$$

Les quantités $\overline{\mathrm{R}}_{rs}$ se comportent comme les composantes covariantes d'un tenseur du second ordre *symétrique*, relativement à toute substitution *linéaire* sur les variables.

Posons de même

$$(26) \qquad \overline{\mathrm{S}}_{rs} = \frac{1}{2}\left[\frac{\partial \overline{\xi}_r}{\partial \overline{x^s}} - \frac{\partial \overline{\xi}_s}{\partial \overline{x^r}}\right];$$

ces quantités se comporteront dans les mêmes conditions comme les composantes covariantes d'un tenseur du second ordre *symétrique gauche* et le déplacement $\overline{\mathrm{U}}_i$ pourra s'écrire sous la forme

$$\overline{\mathrm{U}}_i = \overline{\mathrm{R}}_{ir}\,\overline{dx^r} + \overline{\mathrm{S}}_{ir}\,\overline{dx^r},$$

et par suite se décomposer encore en deux parties

$$(27) \qquad \overline{\mathrm{V}}_i = \overline{\mathrm{R}}_{ir}\,\overline{dx^r},$$
$$(28) \qquad \overline{\mathrm{W}}_i = \overline{\mathrm{S}}_{ir}\,\overline{dx^r}.$$

Le déplacement $\overline{\mathrm{W}}_i$ correspond, comme nous l'avons vu plus haut au n° **64**, à une rotation infiniment petite affectant aussi l'ensemble du voisinage du point P à la façon d'un corps solide.

Pour étudier la déformation caractérisée par le déplacement $\overline{\mathrm{V}}_i$

(^{1}) La place des indices est sans importance, puisque nous sommes en coordonnées cartésiennes rectangulaires; nous en profitons pour la déterminer de telle sorte que l'équation (24) présente le caractère tensoriel formel d'un invariant.

nous remarquerons que la forme quadratique

$$\overline{R}_{ir}\, \overline{dx^i}\, \overline{dx^r}$$

peut, au moyen d'une substitution orthogonale sur les variables, être débarrassée de ses termes rectangles; c'est-à-dire que nous considérerons un nouveau système cartésien rectangulaire $\overline{\overline{x^i}}$ dans lequel on aura $\overline{\overline{R}}_{ir} = 0$ si $i \neq r$, et le déplacement $\overline{\overline{V}}_i$ aura alors dans ce système les trois composantes

$$(29) \qquad \begin{cases} \overline{\overline{V}}_1 = \overline{\overline{R}}_{11}\, \overline{\overline{dx^1}}, \\ \overline{\overline{V}}_2 = \overline{\overline{R}}_{22}\, \overline{\overline{dx^2}}, \\ \overline{\overline{V}}_3 = \overline{\overline{R}}_{33}\, \overline{\overline{dx^3}}. \end{cases}$$

Si nous transportons l'origine de ce dernier système d'axes au point P, les différentielles $\overline{\overline{dx^i}}$ deviendront les coordonnées du point P' et nous voyons que la déformation $\overline{\overline{V}}_i$ se compose de trois *dilatations orthogonales* dans la direction des nouveaux axes. On appelle une telle déformation une *déformation pure* et le trièdre trirectangle que nous venons d'attacher au point P est le *trièdre principal de la déformation en* P. En particulier, si l'on applique la déformation pure à une sphère très petite de centre P, de rayon l et de volume v, elle se transforme en un petit ellipsoïde dont les demi-axes ont pour longueurs

$$\left(1 + \overline{\overline{R}}_{11}\right)l, \qquad \left(1 + \overline{\overline{R}}_{22}\right)l, \qquad \left(1 + \overline{\overline{R}}_{33}\right)l.$$

Cette quadrique caractérise la déformation pure. Son volume v_1 est en général différent de v et le *coefficient de dilatation en* P aura pour valeur

$$\theta = \frac{v_1 - v}{v} = \left(1 + \overline{\overline{R}}_{11}\right)\left(1 + \overline{\overline{R}}_{22}\right)\left(1 + \overline{\overline{R}}_{33}\right) - 1,$$

ou encore, en s'en tenant à l'approximation exigée jusqu'à présent,

$$\theta = \overline{\overline{R}}_{11} + \overline{\overline{R}}_{22} + \overline{\overline{R}}_{33}.$$

Dans le système des coordonnées primitives, l'invariant θ aura pour valeur

$$(30) \qquad \theta = \overline{R}_{11} + \overline{R}_{22} + \overline{R}_{33} \qquad (^1),$$

ou encore

$$(30') \qquad \theta = \frac{\partial \overline{\overline{\xi}}_1}{\partial \overline{\overline{x}}^1} + \frac{\partial \overline{\overline{\xi}}_2}{\partial \overline{\overline{x}}^2} + \frac{\partial \overline{\overline{\xi}}_3}{\partial \overline{\overline{x}}^3}.$$

En appelant ρ et ρ_1 les valeurs de la densité au point P avant et après la déformation, la condition d'égalité des masses de la sphère et de l'ellipsoïde (équation de continuité) s'écrira

$$(31) \qquad \frac{\rho_1 - \rho}{\rho_1} = - \left(\frac{\partial \overline{\overline{\xi}}_1}{\partial \overline{\overline{x}}^1} + \frac{\partial \overline{\overline{\xi}}_2}{\partial \overline{\overline{x}}^2} + \frac{\partial \overline{\overline{\xi}}_3}{\partial \overline{\overline{x}}^3} \right).$$

En résumé, la déformation infiniment petite la plus générale fait subir à une portion de matière du voisinage immédiat de P :

1° Une *translation d'ensemble* caractérisée par le *vecteur* $\overline{\xi}^i$;
2° Une *rotation d'ensemble* caractérisée par le *tenseur symétrique gauche* $\overline{S}_{ir}$;
3° Une *déformation pure* caractérisée par le *tenseur symétrique* $\overline{R}_{ir}$.

Formules de la déformation infiniment petite en coordonnées curvilignes générales. — Il nous est possible ici d'écrire les formules de la déformation en rapportant le milieu à un système fixe de coordonnées x^i *curvilignes* quelconques. Il nous suffira pour cela de leur donner un caractère tensoriel général et cela en plaçant convenablement les indices (ce qui a déjà été fait) et en rem-

---

(^{1}) On sait en effet, d'après l'étude élémentaire de la réduction des quadriques en axes rectangulaires, que la somme des coefficients des termes carrés est un invariant. Cette propriété est du reste évidente avec nos méthodes, car l'invariant θ peut s'écrire sous forme tensorielle

$$\theta = \overline{\overline{g}}^{ik} \overline{\overline{R}}_{ik},$$

il deviendra dans le premier système

$$\theta = \overline{g}^{ik} \overline{R}_{ik},$$

et comme celui-ci est également rectangulaire, cette dernière expression se réduit aussi à

$$\theta = \overline{R}_{11} + \overline{R}_{22} + \overline{R}_{33}.$$

plaçant le symbole de dérivation partielle par celui de la dérivation covariante.

On obtiendra ainsi le groupe des formules ci-dessous :

$$(32) \begin{cases} U^i = (\Delta_r \xi^i)\, dx^r = V^i + W^i, \\[4pt] (ds_1)^2 - (ds)^2 = 2\,R_{rs}\, dx^r\, dx^s, \\[4pt] R_{rs} = \dfrac{1}{2}\left[\Delta_s \xi_r + \Delta_r \xi_s\right], \\[4pt] S_{rs} = \dfrac{1}{2}\left[\Delta_s \xi_r - \Delta_r \xi_s\right] = \dfrac{1}{2}\left[\dfrac{\partial \xi_r}{\partial x^s} - \dfrac{\partial \xi_s}{\partial x^r}\right], \\[4pt] V_i = R_{ir}\, dx^r, \\[4pt] W_i = S_{ir}\, dx^r, \\[4pt] 0 = g^{rs} R_{rs} = \Delta_r \xi^r, \\[4pt] \dfrac{\rho_1 - \rho}{\rho_1} = -\,\Delta_r \xi^r. \end{cases}$$

68. Efforts à l'intérieur d'un milieu continu (*voir* t. III, Chap. XXX). — Traçons dans le milieu continu une surface fermée quelconque S, isolant une certaine portion de matière de volume V. Le milieu total se trouve ainsi partagé en une partie (I) intérieure à la surface et en une partie (II) extérieure.

Sur chacun des éléments de volume $d\tau$ de (I) agissent des forces extérieures, proportionnelles à la masse de l'élément, que nous représentons par $(F)\rho\, d\tau$, ρ désignant la masse spécifique de l'élément $d\tau$.

Supposons maintenant que nous supprimions la portion de matière occupant la région (II); l'équilibre se trouve en général rompu, nous admettrons que, pour le rétablir, il suffise d'appliquer sur chaque élément de la surface S une force convenablement choisie proportionnelle à l'aire $d\sigma$ de cet élément et destinée à remplacer l'action du milieu supprimé. Nous appellerons cette force l'*effort élémentaire s'exerçant sur l'élément superficiel* et nous la représenterons par la notation $(T)\, d\sigma$.

De façon plus précise, nous appellerons normale positive à l'élément $d\sigma$ celle des deux demi-droites portées par la normale qui est dirigée vers la région (I); l'élément $d\sigma$ aura ainsi une face positive et une face négative, la face positive étant du côté de la normale positive. Le vecteur $(T)\, d\sigma$ sera dit l'*effort élémentaire s'exerçant sur la face négative de l'élément* $d\sigma$.

En modifiant la surface S, nous pourrons ainsi définir un vecteur effort en tout point du milieu et pour toute orientation de l'élément ([1]).

Ceci posé, rapportons le milieu à un système de coordonnées cartésiennes *rectangulaires* $\overline{x}^i$ et considérons un de ses points P. En P plaçons successivement un élément de surface $d\sigma$ de telle sorte que sa normale positive soit orientée suivant les axes de coordonnées, nous appellerons

$$(T_{x^1})\,d\sigma, \ (T_{x^2})\,d\sigma, \ (T_{x^3})\,d\sigma$$

les efforts sur la face négative correspondant à ces trois positions.

Les vecteurs (T_{x^i}) auront alors des composantes que nous représenterons par le tableau suivant :

$$(33)\qquad \begin{cases} (T_{x^1}): & \overline{T}_{11} \quad \overline{T}_{12} \quad \overline{T}_{13}, \\ (T_{x^2}): & \overline{T}_{21} \quad \overline{T}_{22} \quad \overline{T}_{23}, \\ (T_{x^3}): & \overline{T}_{31} \quad \overline{T}_{32} \quad \overline{T}_{33}. \end{cases}$$

Il est facile, à l'aide de ce tableau, d'évaluer les composantes de l'effort sur la face négative de l'élément $d\sigma$ orienté de façon quelconque; il suffit pour cela d'écrire les conditions d'équilibre d'un petit tétraèdre ayant une face portée par l'élément et les trois autres parallèles aux plans de coordonnées. On trouve de suite (*voir* Chap. XXX, n° **614**) pour les composantes de cet effort les valeurs

$$(34)\qquad \overline{\alpha}^i \overline{T}_{ik}\,d\sigma,$$

$\overline{\alpha}^1$, $\overline{\alpha}^2$, $\overline{\alpha}^3$ désignant les cosinus directeurs de la normale positive à l'élément considéré.

Montrons maintenant que les neuf quantités $\overline{T}_{ik}$ sont les composantes d'un tenseur du second ordre.

Pour cela, considérons au point P deux vecteurs arbitraires $\overline{\xi}^i$ et $\overline{\eta}^i$. de longueurs l et l', et considérons un élément de surface $d\sigma$ ayant pour normale positive la direction du vecteur $\overline{\xi}^i$. Les composantes

---

de l'effort s'exerçant sur la face négative de cet élément sont alors

$$\frac{\overline{\xi}^i}{l}\,\overline{T}_{ik}\,d\sigma$$

et le produit intérieur

$$\frac{\overline{\xi}^i\overline{\eta}^k\overline{T}_{ik}}{ll'}\,d\sigma$$

représentera la projection de cet effort sur la direction du vecteur $\overline{\eta}^i$. Cette projection ayant une signification physique indépendante de tout système de coordonnées, il s'ensuit que l'expression $\overline{\xi}^i\overline{\eta}^k\overline{T}_{ik}$ est un invariant et que les quantités $\overline{T}_{ik}$ sont bien les composantes d'un tenseur du second ordre.

69. Équations de l'équilibre élastique.

— Nous obtiendrons les conditions nécessaires et suffisantes d'équilibre du milieu en écrivant que les six conditions d'équilibre de la portion (1), regardée comme solidifiée, sont satisfaites et cela *quelle que soit la surface S qui a servi à l'isoler.*

Nous représenterons alors par $\rho\overline{X}_k d\tau$ les composantes des forces de volume (F)$\rho\,d\tau$ et ces conditions d'équilibre s'écriront

$$\int\int\int_V \rho\,\overline{X}_k\,d\tau + \int\int_S \overline{\alpha}^i\overline{T}_{ik}\,d\sigma = 0,$$

$$\int\int\int_V \rho\left[\,\overline{x}_l\overline{X}_k - \overline{x}_k\overline{X}_l\right]d\tau + \int\int_S \overline{\alpha}^i\left[\,\overline{x}_l\overline{T}_{ik} - \overline{x}_k\overline{T}_{il}\right]d\sigma = 0.$$

En transformant les premières par la formule de Green, on peut encore les écrire

$$\int\int\int_V \left[\rho\,\overline{X}_k - \frac{\partial\overline{T}_{ik}}{\partial x^i}\right]d\tau,$$

et comme elles doivent être vérifiées quel que soit le volume V, on devra avoir

$$\rho\,\overline{X}_k - \frac{\partial\overline{T}^i_k}{\partial x^i} = 0$$

(la place de l'indice i est sans importance).

En transformant de même les deuxièmes conditions d'équilibre (équations des moments des quantités de mouvement) on en déduit sans peine que le tenseur $\overline{T}_{ik}$ doit être *symétrique*.

Nous voyons donc en définitive que les efforts, qui primitivement intervenaient comme des forces de surface, sont équivalents à des forces *par unité de volume* de composantes $\dfrac{\partial \overline{\mathrm{T}}_k^i}{\partial x^i}$.

En résumé, les équations de l'équilibre élastique prennent la forme simple ci-dessous :

$$(35) \qquad \begin{cases} \varrho\,\overline{\mathrm{X}}_k + \overline{p}_k = 0, \\[2mm] \overline{p}_k = -\,\dfrac{\partial \overline{\mathrm{T}}_k^i}{\partial \overline{x}^i}, \\[2mm] \overline{\mathrm{T}}_{ik} = \overline{\mathrm{T}}_{ki} \quad (^1). \end{cases}$$

Nous ne poursuivrons pas plus loin cette étude ; pour la continuer et déterminer les six composantes du tenseur symétrique $\overline{\mathrm{T}}_{ik}$, il faudrait faire appel à des conditions provenant d'hypothèses physiques (fluides parfaits, incompressibles, etc.), ou bien approfondir la façon dont les efforts sont liés à la déformation du milieu.

Équations de l'équilibre élastique en coordonnées générales. — Par l'application du procédé qui nous a déjà servi pour l'étude de la déformation, nous obtiendrons pour exprimer l'équilibre du milieu dans un système de coordonnées curvilignes quelconques x^i les équations

$$(35') \qquad \begin{cases} \varrho\,\mathrm{X}_k + p_k = 0, \\[1mm] p_k = -\,\Delta_i\,\mathrm{T}_k^i, \\[1mm] \mathrm{T}_{ik} = \mathrm{T}_{ki}. \end{cases}$$

(^{1}) En ajoutant les forces d'inertie on trouverait de même les équations du mouvement du milieu.

CHAPITRE IV.

ESPACES EUCLIDIENS A n DIMENSIONS.

70. Introduction. — Nous nous proposons, dans ce Chapitre et le suivant, de faire l'étude des espaces à n dimensions, c'est-à-dire des multiplicités auxquelles on a adjoint une forme quadratique fondamentale $g_{ik} \, dx^i \, dx^k$ définissant la *distance* entre deux points voisins ([1]). Systématiquement nous introduirons le langage géométrique en prenant pour guide le cas familier de la géométrie euclidienne à trois dimensions.

Cette généralisation ne reste pas dans le cadre de la pure spéculation mathématique, elle est susceptible d'applications directes ; c'est ainsi que l'étude du mouvement d'un système matériel à p paramètres peut se ramener utilement à celle d'un espace à p dimensions. La théorie cinétique des gaz conduit même à l'étude de multiplicités à un très grand nombre de dimensions, aux propriétés bizarres ([2]). Enfin les théories de la relativité ont donné récemment une signification physique précise au cas $n = 4$.

Nous commencerons par une étude des espaces *euclidiens*, dont nous indiquerons sommairement les propriétés essentielles, car il

---

([1]) Nous ne discuterons pas ici le choix que nous faisons pour représenter la distance d'une forme quadratique homogène de différentielles. On pourra consulter à ce sujet, indépendamment du Mémoire fondamental de Riemann : *Ueber die Hypothesen, welche der Geometrie zugrunde liegen* (*Œuvres de Riemann*, trad. Laugel, Gauthier-Villars) et de l'Ouvrage de H. WEYL, *Temps, Espace, Matière*, les articles suivants :

H. WEYL, *Die Einzigartigkeit der Pythagoreischen Massbestimmung* (*Mathematische Zeitschrift*, Bd 12, 1922).

E. CARTAN, *Sur un théorème fondamental de M. H. Weyl* (*Journal de Mathématiques pures et appliquées*, 1923, p. 167).

([2]) *Cf.* E. BOREL, *Introduction géométrique à quelques théories physiques* (Gauthier-Villars).

ne s'agit ici que d'une généralisation presque immédiate de la géométrie analytique élémentaire.

Un espace sera dit *euclidien* s'il est possible, par un changement de variables convenablement choisi, de ramener les coefficients g_{ik} de la forme quadratique fondamentale à être des constantes. Nous allons d'abord supposer que cette condition a été préalablement réalisée.

I. — ÉTUDE D'UN ESPACE EUCLIDIEN DANS LE CAS OU LES COEFFICIENTS DE LA FORME QUADRATIQUE FONDAMENTALE SONT DES CONSTANTES.

71. Espaces purement euclidiens et pseudo-euclidiens. — Si les coefficients g_{ik} sont des constantes, les seuls changements de variables que nous pourrons envisager seront des substitutions linéaires à coefficients constants

$$x^i = \alpha_k^i \, \overline{x}^k + \beta^i.$$

Les coefficients α_k^i ne sont autres du reste que les dérivées partielles x_k^i précédemment introduites, et naturellement leur déterminant devra être différent de zéro.

Si nous décomposons la forme quadratique en carrés, par un changement de variables approprié nous pourrons la ramener à la forme

$$\sum_r \varepsilon_r (dx^r)^2, \qquad \varepsilon_r = \pm 1.$$

Nous savons d'une part que le nombre total des carrés est égal au nombre n des variables et d'autre part que le nombre des ε_r de chaque signe est indépendant du procédé de décomposition. Deux cas sont donc à distinguer :

1° Les ε_r sont tous de même signe, la forme quadratique est alors définie ; ce cas est une extension directe de la géométrie classique et nous dirons que l'espace est alors *purement euclidien* ;

2° Les ε_r sont de signes différents, la forme quadratique est indéfinie et l'espace sera dit *pseudo-euclidien* ou encore *hyperbolique* ; ce dernier cas est particulièrement important, car c'est lui qui se présentera dans l'étude de la relativité.

Cette distinction est du reste inutile si on laisse de côté la réalité des éléments étudiés, elle est au contraire fondamentale si l'on en tient compte et elle différencie profondément les deux cas ([1]).

Nous étudierons pour le moment les propriétés communes à ces deux sortes d'espaces et nous tirerons seulement des conséquences du fait que les g_{ik} sont des constantes sans faire intervenir la forme réduite résultant de la décomposition en carrés ([2]).

72. Variétés de l'espace euclidien. Variétés linéaires. — Supposons que les coordonnées x^i d'un point P de l'espace soient des fonctions de p paramètres distincts et irréductibles ([3]).

Lorsque nous faisons varier de toutes les façons possibles ces p paramètres, nous obtenons un ensemble de points faisant partie de la multiplicité donnée et qui sera dit constituer une *variété à p dimensions*.

Si en particulier les relations en question expriment les x^i en fonctions linéaires des paramètres, nous obtiendrons des variétés dites *linéaires*. Il est évident que cette dernière définition se conserve si l'on effectue sur les x^i un changement de variables également linéaire.

Si dans la forme quadratique fondamentale nous remplaçons les x^i par leurs valeurs en fonction des paramètres, nous obtenons une nouvelle expression, dite *forme quadratique fondamentale relative à la variété*. En particulier, si la variété est linéaire, la forme relative sera évidemment aussi à coefficients constants, si bien que de telles variétés peuvent être considérées comme des sous-espaces euclidiens, inclus dans l'espace donné et à un nombre de dimensions plus faible.

Les plus simples des variétés linéaires sont celles à une dimension,

---

([1]) Voir en particulier pour une étude de la géométrie hyperbolique, E. BOREL. *loc. cit.*

([2]) Remarquons seulement, pour prévenir des erreurs possibles, que si l'on opère avec la formule réduite on a $g_{ik} = 0$ si $i \neq k$ et $g_{ik} = \varepsilon_r$ si $i = k = r$; les composantes de type différent d'un tenseur ne sont alors identiques que pour le cas purement euclidien. Pour le cas pseudo-euclidien, certaines composantes contrevariantes peuvent différer par le signe des composantes covariantes correspondantes.

([3]) C'est-à-dire tels qu'on ne puisse pas, par un changement de variables effectué sur eux, diminuer leur nombre. On appelle de tels paramètres des paramètres *essentiels;* leur nombre est évidemment au plus égal à n.

caractérisées par des équations du type

$$x^i = \alpha^i t + \beta^i,$$

où t varie de $-\infty$ à $+\infty$. Nous leur donnerons encore le nom de
droites. Elles jouissent de la propriété importante de pouvoir être
ordonnées, c'est-à-dire qu'étant donnés trois points de l'une d'elles,
on peut définir, d'une façon indépendante du choix des variables
et du choix du paramètre, celui des points qui est *entre* les deux
autres; on peut aussi par suite définir un sens sur la droite.

Une droite est entièrement déterminée par la donnée de deux de
ses points non confondus. Soient en effet deux points A et B, de
coordonnées respectives a^i et b^i, les équations

$$x^i = (b^i - a^i) t + a^i$$

représentent une variété linéaire qui les contient évidemment.

Parmi les variétés linéaires, considérons encore celles à $n - 1$
dimensions; en éliminant les paramètres entre les équations qui la
définissent, une variété de ce type pourra encore être caractérisée
par une relation linéaire à coefficients constants entre les coordonnées x^i; nous lui donnerons encore le nom de *plan* ([1]).

73. Vecteurs. — Reprenons les formules de définition de la droite déterminée par deux points A et B

$$x^i = (b^i - a^i) t + a^i;$$

si nous y faisons varier t de o à 1, nous obtenons seulement un
segment de la droite, parcouru dans un sens déterminé: ce sera
par définition le *vecteur* (AB).

Un vecteur sera évidemment entièrement déterminé par la donnée des coordonnées a^i de son *origine* et par ses *composantes*
$\xi^i = b^i - a^i$. Dans un changement de variables, les composantes
ξ^i se transforment par contrevariance et nous pourrons les regarder comme les composantes contrevariantes d'un tenseur du pre-

---

([1]) Nous nous servirons peu des variétés linéaires intermédiaires. Dans le cas
de l'espace à quatre dimensions, où il n'y a que trois types de variétés linéaires,
on emploie fréquemment les noms de *droite*, *plan*, *hyperplan* suivant qu'elles
sont à 1, 2 ou 3 dimensions. Ici, nous ne précisons pas la valeur de n et nous
préférons garder les mots droite et plan pour les variétés extrêmes.

mier ordre attaché au point A. Le vecteur aura par suite aussi des composantes covariantes, définies par les règles d'abaissement de l'indice.

Propriétés générales des vecteurs. — Les vecteurs ainsi définis jouissent évidemment de toutes les propriétés des vecteurs de la géométrie ordinaire. Rappelons-les rapidement.

Étant donné un vecteur (ξ), si l'on multiplie ses composantes par un même nombre λ, on obtient un nouveau vecteur $\lambda(\xi)$, de même origine et porté par la même droite.

Étant donnés deux vecteurs (ξ) et (η) de même origine A, en additionnant leurs composantes de même rang, on obtient un nouveau vecteur dit la somme des deux premiers. Cette opération est commutative et associative.

Si l'on multiplie deux vecteurs (ξ) et (η) de même origine par un même nombre, leur somme est multipliée par ce nombre.

Naturellement les opérations de multiplication intérieure ou extérieure, définies au Chapitre II sur les tenseurs du premier ordre, s'appliquent aussi ici sans modification.

74. Longueur d'un vecteur. — Reprenons le vecteur (ξ), de composantes ξ^i et d'origine A, un point quelconque P situé sur lui aura des coordonnées de la forme

$$x^i = \xi^i t - a^i \qquad (0 < t < 1).$$

Si l'on donne à t un petit accroissement positif dt, le point P vient en P' de coordonnées

$$x^i + dx^i = \xi^i(t + dt) + a^i,$$

et la distance PP' est par définition égale à $\sqrt{g_{ik}\xi^i\xi^k}\,dt$.

Nous appellerons longueur du vecteur l'intégrale

$$(1) \qquad l = \int_0^1 \sqrt{g_{ik}\xi^i\xi^k}\,dt = \sqrt{g_{ik}\xi^i\xi^k}.$$

Si l'on représente par $F(dx)$ la forme quadratique fondamentale, la longueur est donnée par la formule

$$(1') \qquad l^2 = F(\xi) \qquad (^1).$$

Dans le cas pseudo-euclidien, la forme quadratique n'étant pas définie, la

75 **Translation**. — Si, à un point A quelconque de l'espace, nous affectons un vecteur (ξ) ayant ce point comme origine et dont les composantes ξ^i soient indépendantes des coordonnées de A, nous dirons encore que le point B, extrémité de ce vecteur, est déduit du point A par une *translation* caractérisée par le vecteur (ξ).

76. **Angle de deux vecteurs**. — Nous appellerons par définition cosinus de l'angle de deux vecteurs (ξ) et (η), de longueurs l et l', un nombre relatif tel que le produit scalaire des deux vecteurs soit égal à $l\,l' \cos V$.

On aura donc

$$(2) \qquad \cos V = \frac{g_{ik}\xi^i\eta^k}{ll'} = \frac{F(\xi\,|\,\eta)}{\sqrt{F(\xi)\,F(\eta)}} .$$

On traitera cette quantité comme s'il s'agissait d'un cosinus ordinaire et l'on définira par exemple s'il en est besoin le sinus de l'angle par la formule

$$(3) \qquad \sin^2 V = 1 - \cos^2 V = \frac{F(\xi)\,F(\eta) - [F(\xi\,|\,\eta)]^2}{F(\xi)\,F(\eta)} .$$

L'invariant $I = F(\xi)\,F(\eta) - [F(\xi\,|\,\eta)]^2$ du numérateur est susceptible d'une autre expression, on a en effet

$$F(\xi) = \xi^p \xi_p, \qquad F(\eta) = \eta^q \eta_q, \qquad F(\xi\,|\,\eta) = \xi^p \eta_p = \xi_q \eta^q ;$$

on peut donc écrire

$$I = \xi^p \eta^q (\xi_p \eta_q - \xi_q \eta_p),$$

ou par permutation du nom des indices muets p et q

$$I = \xi^q \eta^p (\xi_q \eta_p - \xi_p \eta_q),$$

ce qui donne enfin

$$(4) \qquad I = \frac{1}{2} (\xi^p \eta^q - \xi^q \eta^p)(\xi_p \eta_q - \xi_q \eta_p).$$

On reconnaît dans cet invariant ce que nous avons appelé dans le Chapitre précédent le carré de la grandeur de l'aire du parallélo-

---

longueur du vecteur n'est pas nécessairement réelle, même si ses composantes le sont. Certains auteurs préfèrent par suite appeler longueur du vecteur la valeur de la forme quadratique elle-même et non sa racine carrée. De même, la longueur d'un vecteur peut être nulle sans que toutes ses composantes le soient.

gramme construit sur les deux vecteurs ([1]), si bien que, comme en géométrie ordinaire, cette aire est égale au produit des longueurs des vecteurs par le sinus de leur angle ([2]).

77. Condition de parallélisme de deux droites. — Dans le cas pseudo-euclidien, il peut arriver que le sinus de l'angle de deux vecteurs de même origine soit nul sans qu'ils soient portés par la même droite. Aussi pour définir le parallélisme de deux droites, nous ne ferons pas appel à une propriété angulaire et nous dirons que deux droites sont parallèles si l'une se déduit de l'autre par une translation.

77^b. Condition d'orthogonalité de deux droites. — D'une façon générale, on définira l'angle de deux droites comme l'angle de deux vecteurs quelconques portés respectivement par ces droites. En particulier, la condition d'orthogonalité de deux vecteurs (ou de deux droites) s'écrira sous l'une des formes équivalentes

$$g_{ik}\xi^i\eta^k = \xi^i\eta_i = \xi_k\eta^k = 0.$$

78. Plan perpendiculaire à une droite en un de ses points. — Soit une droite définie par un vecteur (AB), de composantes ξ^i, et soient a^i les coordonnées du point A. Les coordonnées x^i de l'extrémité P d'un vecteur quelconque (AP) orthogonal au vecteur (AB) satisfont à l'équation

$$\xi_i(x^i - a^i) = 0.$$

([1]) On généraliserait de même les notions que nous avons données aux n⁰ˢ 61 et 62 d'élément linéaire à deux, trois, ... dimensions.

([2]) On peut obtenir d'une façon différente l'angle de deux vecteurs en définissant d'abord comme en géométrie ordinaire le rapport anharmonique de quatre points en ligne droite (rapport anharmonique de leurs paramètres). Les vecteurs de longueur nulle issus d'un point O ont alors leurs extrémités sur la variété quadratique à $n-1$ dimensions

$$g_{ik}\xi^i\xi^k = 0,$$

que nous appellerons le *cône isotrope* de sommet O.

Étant donnés alors deux vecteurs (OA) et (OB) issus de O, on déterminera les deux points P et Q d'intersection de la droite AB avec le cône isotrope et l'on définira l'angle V par la formule de Laguerre

$$e^{2iV} = \mathfrak{R}\,(P, Q, A, B),$$

et par suite cos V et sin V par les formules d'Euler.

Le calcul est facile et le lecteur vérifiera sans peine que cette définition coïncide avec celle que nous avons adoptée plus haut.

L'ensemble des points P forme donc une variété linéaire d'ordre $n - 1$ qui sera dite le plan orthogonal à la droite AB au point A.

Remarque. — Les coefficients ξ_i de l'équation de ce plan sont donc aussi les composantes *covariantes* d'un vecteur normal au plan.

79. Angle de deux plans. — Soient deux plans d'équations

$$u_i x^i + D = 0$$

et

$$v_i x^i + D' = 0;$$

d'après la remarque précédente, on pourra définir leur angle par la formule suivante

$$(5) \qquad \cos V = \frac{g_{ik} u^i v^k}{\sqrt{(g_{ik} u^i u^k)(g_{ik} v^i v^k)}}$$

ou encore

$$(5') \qquad \cos V = \frac{g^{ik} u_i v_k}{\sqrt{(g^{ik} u_i u_k)(g^{ik} v_i v_k)}} \cdot$$

80. Théorème des projections. — Partant de ces données, on définira, comme en géométrie ordinaire, la projection d'un vecteur sur une droite ou sur un plan. Nous aurons l'occasion d'en faire de nombreuses applications dans le Chapitre suivant.

En particulier, si un vecteur est la somme de plusieurs autres, sa projection sur une droite ou sur un plan sera la somme des vecteurs composants.

81. Courbes gauches. — Parmi les variétés non linéaires, nous dirons seulement pour le moment, quelques mots de celles à une seule dimension, c'est-à-dire des *courbes gauches*. Supposons donc que les coordonnées x^i d'un point P soient fonctions d'un paramètre unique t. Lorsque t varie de façon monotone, en croissant par exemple, le point P décrit la courbe dans un certain *sens*, qui sera par convention le sens positif. Comme en géométrie analytique ordinaire, nous appellerons *abscisse curviligne* du point P la mesure algébrique de l'arc P_0P, compté à partir d'une certaine origine P_0 de paramètre t_0, c'est-à-dire l'intégrale

$$s = \int_{t_0}^{t} \sqrt{g_{ik} \frac{dx^i}{dt} \frac{dx^k}{dt}} \, dt.$$

On définira de même immédiatement la *tangente orientée* en P, dont les *paramètres directeurs principaux* seront les nombres

$$(6) \qquad a^i = \frac{dx^i}{ds},$$

et par suite *l'indicatrice sphérique*, comme le lieu du point dont les coordonnées sont a^i. Cette dernière courbe se trouve elle-même orientée et l'on peut définir aussi sur elle un élément d'arc par la formule

$$(7) \qquad (d\sigma)^2 = g_{ik} \, da^i \, da^k \qquad (d\sigma \text{ étant du signe de } dt).$$

La tangente orientée à l'indicatrice sphérique détermine ensuite la *normale principale orientée* à la courbe gauche en P, de paramètres directeurs principaux

$$(8) \qquad a'^i = \frac{da^i}{d\sigma}.$$

On constate immédiatement que le sens d'orientation de cette normale principale est indépendant du sens conventionnel d'orientation de la courbe et a par suite une signification géométrique.

Le *rayon de courbure* a alors pour expression

$$(9) \qquad R = \frac{ds}{d\sigma},$$

et l'on peut écrire les formules précédentes sous la forme

$$(10) \qquad \frac{a'^i}{R} = \frac{da^i}{ds}$$

(premières formules de Serret-Frenet), d'où l'on tire immédiatement

$$(11) \qquad \frac{1}{R} = \sqrt{g_{ik} \frac{da^i}{ds} \frac{da^k}{ds}} \qquad (^1).$$

(^{1}) Nous bornons là ces très brèves indications. On pourrait les compléter et définir des courbures de différents ordres analogues à la torsion des courbes gauches ordinaires. Ces différentes courbures seraient ici au nombre de $n - 1$. Le lecteur

II. — COORDONNÉES CURVILIGNES
DANS UN ESPACE EUCLIDIEN A n DIMENSIONS.

82. Courbes et surfaces de coordonnées. — Supposons maintenant l'espace rapporté à un système de coordonnées dans lequel les coefficients de la forme quadratique soient des constantes et aient de plus les valeurs normales, o ou 1, résultant de la décomposition en carrés. Nous appellerons, pour abréger, un tel système un système *cartésien normal* et nous le représenterons dans la fin de ce Chapitre par la notation $\overline{x}^i$.

Considérons à côté de ce premier système un second ensemble de variables en même nombre x^i liées aux précédentes par des relations quelconques

$$\overline{x}^i = f^i(x^1, x^2, \ldots, x^n).$$

le déterminant fonctionnel étant naturellement différent de zéro.

Dans ce nouveau système, les coefficients de la forme quadratique ne seront évidemment plus des constantes.

Nous allons pouvoir répéter à ce sujet à peu près textuellement ce que nous avons dit au début du Chapitre III. Si dans les formules précédentes, nous faisons varier la seule variable x^i, les autres restant fixes, le point correspondant décrira une variété à une dimension, que nous appellerons la *courbe $x^i =$ variable*.

De même, si nous faisons varier, indépendamment l'une de l'autre, deux variables x^r et x^s, les autres restant fixes, nous obtiendrons une variété à deux dimensions $x^r = $ *variable*, $x^s = $ *variable*, et ainsi de suite.

En particulier, si l'on fait varier, indépendamment les unes des autres, toutes les variables, à l'exception d'une seule x^r, on obtient une variété à $n - 1$ dimensions que l'on appellera la *surface $x^r = $ const.*

Supposons-nous placés en un point particulier P de l'espace, de coordonnées $\overline{x}^i$; par ce point passent n courbes de coordonnées.

pourra se reporter au Mémoire suivant qui traite la question, non seulement pour l'espace euclidien et en coordonnées curvilignes, mais aussi directement pour l'espace riemannien.

W. Blaschke, *Frenets Formeln für den Raum von Riemann* (*Math. Zeitschr.* Bd VI, 1919).

Amenons le point P en une position voisine P', de coordonnées $\overline{x}^i + d\overline{x}^i$ par un petit déplacement le long de la courbe $x^1 = va$-*riable*. Nous aurons

$$d\overline{x}^i = \overline{x}^i_1\, dx^1\,;$$

le vecteur (PP') aura donc des composantes contrevariantes proportionnelles aux dérivées partielles $\overline{x}^i_1$ (prises au point P naturellement). Autrement dit, ces mêmes dérivées partielles sont les composantes *contrevariantes* d'un certain vecteur fini (T¹), tangent en P à la courbe $x^1 = variable$.

En raisonnant de même sur les autres courbes issues de P, on définira ainsi un *angle polyèdre* des tangentes en P aux courbes de coordonnées, dont les arêtes seront du reste orientées.

Supposant de même que nous déplacions le point P infiniment peu sur la surface $x^1 = $ const., les composantes de ce déplacement seront telles que l'on ait

$$x^1_i\, d\overline{x}^i = 0.$$

La position nouvelle P' du point P sera donc dans un plan d'équation

$$x^1_i\left(\overline{X}^i - \overline{x}^i\right) = 0.$$

Les dérivées partielles x^1_i sont donc les coefficients de ce que nous appellerons le *plan tangent* en P à la surface $x^1 = $ const. ; elles peuvent du reste être aussi regardées comme les composantes *covariantes* d'un vecteur (N¹), normal en P à cette même surface. Nous définirons donc ainsi un *angle polyèdre des normales* aux surfaces de coordonnées, aux arêtes également orientées, supplémentaire de l'angle polyèdre des tangentes.

83. Composantes d'un vecteur en coordonnées curvilignes. —

Soit un certain vecteur (ξ) défini par ses composantes $\overline{\xi}^i$ ou $\overline{\xi}_i$ dans le système cartésien normal. Il n'y a pas lieu ici de distinguer ces deux sortes de composantes.

Nous appellerons *composantes du vecteur dans le système curviligne* les transformées par contrevariance ou par covariance des composantes précédentes, ce qui nous donnera les expressions

$$\xi^i = x^i_r\,\overline{\xi}^r \qquad \text{et} \qquad \xi_i = \overline{x}^r_i\,\overline{\xi}_r,$$

les dérivées partielles ayant leurs valeurs prises à l'origine du vecteur.

Comme toutes les formules d'angles et de distances que nous avons établies au début de ce Chapitre sont mises sous forme invariante, elles seront *ipso facto* valables dans le système curviligne et l'on aura ainsi

$$(12) \qquad l^2 = F(\xi),$$

$$(13) \qquad \cos V = \frac{F(\xi \mid \eta)}{\sqrt{F(\xi)\,F(\eta)}},$$

$$(14) \quad \sin^2 V = \frac{F(\xi)\,F(\eta) - [F(\xi \mid \eta)]^2}{F(\xi)\,F(\eta)} = \frac{1}{2}\,\frac{(\xi^p\eta^q - \xi^q\eta^p)(\xi_p\eta_q - \xi_q\eta_p)}{F(\xi)\,F(\eta)}.$$

84. Relations entre les composantes d'un vecteur et ses éléments géométriques dans l'angle polyèdre des tangentes ou des normales relatif à son origine. — Un calcul simple généralisera les résultats obtenus au Chapitre III et nous conduira en particulier à des formules analogues aux formules (6) du n° 58.

Établissons une d'entre elles, à titre d'exercice, par une méthode un peu différente.

Soit (ξ) un vecteur issu du point P et soit (T^1) le vecteur définissant la tangente en P à la courbe $x^1 = variable$ qui y passe. Cherchons quelle est la valeur algébrique P_{T^1} de la projection du vecteur (ξ) sur le vecteur (T^1).

(T^1) a pour composantes dans le système cartésien normal les quantités $\overline{x}_1^i$, par suite ses composantes contrevariantes dans le système curviligne seront

$$\tau^i = x^i_{,r}\,\overline{x}_1^r = \delta_1^i = \begin{cases} 0 & \text{si} \quad i \neq 1, \\ 1 & \text{si} \quad i = 1. \end{cases}$$

On aura donc

$$P_{T^1} = \sqrt{F(\xi)}\;\frac{F(\xi \mid T^1)}{\sqrt{F(\xi)\,F(T^1)}} = \frac{g_{ik}\xi^i\,\delta_1^k}{\sqrt{g_{ik}\,\delta_1^i\,\delta_1^k}} = \frac{\xi_1}{\sqrt{g_{11}}},$$

ce qui n'est autre que la première formule du groupe (6).

85. Courbes gauches en coordonnées curvilignes. — Enfin, les formules que nous avons obtenues au n° 81 sur la courbure des courbes gauches s'étendent facilement au cas où l'espace est rapporté à des coordonnées curvilignes quelconques. Il suffit pour cela de leur donner un caractère tensoriel relativement à n'importe quel changement de variables, ce qui s'obtient en remplaçant simplement le symbole de différentiation

$$d\star = \frac{\partial \star}{\partial x^k}\, dx^k$$

par le suivant

$$\Delta_k \star\, dx^k.$$

Nous nous bornons à transcrire les formules qui deviennent alors :
Longueur d'un arc de courbe orientée :

$$s = \int_{t_0}^{t} \sqrt{g_{ik}\frac{dx^i}{dt}\frac{dx^k}{dt}}\, dt.$$

Coefficients directeurs principaux de la tangente orientée :

$$a^i = \frac{dx^i}{ds}.$$

Élément d'arc de l'indicatrice :

$$d\sigma^2 = g_{ik}\,\Delta_h\, a^i\, \Delta_l\, a^k\, dx^h\, dx^l.$$

Coefficients directeurs principaux de la normale principale orientée :

$$a'^i = \Delta_k\, a^i\, \frac{dx^k}{d\sigma}.$$

Rayon de courbure :

$$R = \frac{ds}{d\sigma}.$$

Premières formules de Serret-Frenet :

$$\frac{a'^i}{R} = \Delta_h\, a^i\, \frac{dx^h}{ds}.$$

III. — DÉPLACEMENT PARALLÈLE D'UN VECTEUR.

86. Définition. — Dans l'espace euclidien rapporté à un système cartésien normal, considérons un point P de coordonnées x^i et un vecteur (ξ) attaché à ce point et dont les composantes ξ^i soient des fonctions de ses coordonnées ; nous définissons ainsi un *champ de vecteurs*.

Supposons qu'on donne au point P un petit déplacement l'amenant en P', de coordonnées $\overline{x}^i + d\overline{x}^i$, et soit (ξ') le vecteur du champ correspondant au point P'. Ce dernier vecteur aura pour composantes les quantités

$$\overline{\xi}^i + d\overline{\xi}^i = \overline{\xi}^i + \frac{\partial \overline{\xi}^i}{\partial x^r} d\overline{x}^r.$$

Dans le déplacement de son origine, le vecteur a subi un certain *accroissement* défini par la différence entre (ξ') et (ξ). Nous attacherons ce vecteur accroissement au point P, il aura pour composantes contrevariantes

$$\frac{\partial \overline{\xi}^i}{\partial \overline{x}^r} d\overline{x}^r.$$

Or nous pouvons tout aussi bien écrire ces composantes sous la forme

$$\Delta_r \overline{\xi}^i \, d\overline{x}^r,$$

puisque dans le système cartésien normal la dérivation covariante coïncide avec la dérivation partielle ordinaire.

Mais, sous cette forme, ces quantités présentent le caractère tensoriel d'un système contrevariant du premier ordre, si bien que, dans un système de coordonnées curvilignes quelconques, où les g_{ik} ne sont plus des constantes, les composantes contrevariantes du vecteur accroissement ont encore pour expressions

$$\Delta_r \xi^i \, dx^r.$$

En particulier, si dans le déplacement de P en P' le vecteur est resté équipollent à lui-même, nous conviendrons de dire qu'il a subi un *déplacement parallèle* et les conditions nécessaires et suffisantes pour qu'il en soit ainsi s'écriront

$$(15) \qquad \Delta_r \xi^i \, dx^r = 0,$$

ou, en explicitant la dérivée covariante,

$$(15') \qquad \left[\frac{\partial \xi^i}{\partial x^r} + \left\{ \begin{matrix} \lambda & r \\ & i \end{matrix} \right\} \xi^\lambda \right] dx^r = 0,$$

ou enfin

$$(15'') \qquad d\xi^i + \left\{ \begin{matrix} \lambda & r \\ & i \end{matrix} \right\} \xi^\lambda \, dx^r = 0.$$

Si ces conditions sont réalisées *quel que soit le déplacement infiniment petit donné au point* P, nous dirons que le champ de vecteurs est *stationnaire* au point P.

87. Application. Forme invariante des équations de la droite.
— Reprenons les équations paramétriques d'une droite rapportée à un système cartésien normal

$$\overline{x}^i = \alpha^i t + \beta^i.$$

Nous pouvons interpréter ces équations comme représentant un *mouvement*, le paramètre t jouant le rôle du temps de la Mécanique classique. Les α^i seront alors les composantes contrevariantes du vecteur *vitesse*. Les formules définissent alors un mouvement rectiligne uniforme et, quand le point décrit la droite, le vecteur vitesse se propage par déplacement parallèle.

Inversement, toute droite peut évidemment être définie comme la trajectoire d'un point dont le vecteur vitesse reste équipollent à lui-même.

Or, cette nouvelle définition se traduit, d'après ce que nous venons de voir, dans tout système de coordonnées par la condition de déplacement parallèle du vecteur $\alpha^i = \dfrac{dx^i}{dt}$, ce qui donne les équations différentielles caractéristiques de la droite sous la forme

$$(16) \qquad \frac{d^2 x^i}{dt^2} + \left\{ \begin{matrix} \lambda & r \\ & i \end{matrix} \right\} \frac{dx^\lambda}{dt} \frac{dx^r}{dt} = 0.$$

Nous laissons au lecteur le soin de vérifier par un calcul direct que ce système d'équations différentielles admet l'intégrale première

$$g_{ik} \frac{dx^i}{dt} \frac{dx^k}{dt} = \text{const.}$$

qui exprime le fait évident que dans le déplacement parallèle la longueur du vecteur vitesse reste invariable (^{1}).

(^{1}) On aurait pu présenter ces considérations sous une forme légèrement différente. On vérifie immédiatement que, *même pour un mouvement quelconque*, les premiers membres des équations (16) représentent les composantes contrevariantes du vecteur *accélération*. Les équations différentielles de la droite caractérisent alors le mouvement d'un point sur lequel n'agit aucune *force*. L'intégrale première mentionnée plus haut exprime alors la constance de la *force vive*.

La forme des équations différentielles que nous venons de trouver nous est du reste familière, et nous voyons, comme il fallait s'y attendre, que la droite s'introduit aussi comme *géodésique* de l'espace euclidien.

IV. — CONDITIONS NÉCESSAIRES ET SUFFISANTES POUR QU'UNE FORME QUADRATIQUE DONNÉE CARACTÉRISE UN ESPACE EUCLIDIEN.

88. Rôle du tenseur de Riemann-Christoffel. — Dans les paragraphes précédents, nous avons montré comment on pouvait calculer dans un système de coordonnées quelconque les nouvelles composantes $\xi^i + d\xi^i$ d'un vecteur (ξ) soumis à une translation infiniment petite (dx). Par les procédés habituels du calcul intégral, nous pourrons étendre ces considérations au cas où l'on déplace par translation le vecteur le long d'une courbe donnée d'une longueur finie quelconque. Si l'on suppose connues les équations paramétriques de cette courbe en fonction d'un paramètre t, les équations (15″) deviennent des équations différentielles déterminant, en fonction de leurs valeurs initiales, les composantes ξ^i en un point quelconque de la courbe.

Or, si nous raisonnons dans le système cartésien normal, le résultat doit évidemment être déterminé de façon univoque, indépendamment de la courbe décrite par l'origine du vecteur dans son déplacement. Cette propriété de l'espace euclidien doit se refléter sur les équations différentielles du déplacement parallèle.

Si nous y regardons les x^i, non plus comme des fonctions connues d'un paramètre, mais comme des variables indépendantes, elles forment un système d'équations aux différentielles totales équivalent au système d'équations aux dérivées partielles

$$(17) \qquad \frac{\partial \xi^i}{\partial x^r} + \left\{ \begin{matrix} \lambda & r \\ & i \end{matrix} \right\} \xi^\lambda = 0.$$

Pour que ces équations permettent de déterminer univoquement les fonctions ξ^i d'après la donnée numérique de leurs valeurs en un point initial quelconque, il faut qu'elles forment un système complètement intégrable. Les conditions pour qu'il en soit ainsi s'obtiennent en écrivant l'identité des dérivées partielles secondes qu'on peut tirer de deux façons des équations du système.

On aura, par exemple,

$$\frac{\partial^2 \xi^i}{\partial x^r\, \partial x^s} = -\,\xi^\lambda\, \frac{\partial \left\{{}^{\lambda\ \ r}_{\ \ i}\right\}}{\partial x^s} - \left\{{}^{\lambda\ \ r}_{\ \ i}\right\} \frac{\partial \xi^\lambda}{\partial x^s}$$

$$= -\,\xi^\lambda\, \frac{\partial \left\{{}^{\lambda\ \ r}_{\ \ i}\right\}}{\partial x^s} + \left\{{}^{\lambda\ \ r}_{\ \ i}\right\} \left\{{}^{\mu\ \ s}_{\ \ \lambda}\right\} \xi^\mu,$$

ou, en permutant dans le dernier terme les noms des indices
muets λ et μ,

$$\frac{\partial^2 \xi^i}{\partial x^r\, \partial x^s} = \xi^\lambda \left(-\frac{\partial \left\{{}^{\lambda\ \ r}_{\ \ i}\right\}}{\partial x^s} + \left\{{}^{\mu\ \ r}_{\ \ i}\right\} \left\{{}^{\lambda\ \ s}_{\ \ \mu}\right\} \right).$$

En échangeant maintenant les indices r et s et en faisant la différence, on a

$$\frac{\partial^2 \xi^i}{\partial x^r\, \partial x^s} - \frac{\partial^2 \xi^i}{\partial x^s\, \partial x^r}$$

$$= \xi^\lambda \left(\frac{\partial \left\{{}^{\lambda\ \ s}_{\ \ i}\right\}}{\partial x^r} - \left\{{}^{\mu\ \ s}_{\ \ i}\right\} \left\{{}^{\lambda\ \ r}_{\ \ \mu}\right\} - \frac{\partial \left\{{}^{\lambda\ \ r}_{\ \ i}\right\}}{\partial x^s} + \left\{{}^{\mu\ \ r}_{\ \ i}\right\} \left\{{}^{\lambda\ \ s}_{\ \ \mu}\right\} \right).$$

Dans la parenthèse nous reconnaissons les composantes mixtes
du tenseur de Riemann-Christoffel, et comme cette expression doit
être nulle quelles que soient les x^i et les ξ^i, nous obtenons les
conditions d'intégrabilité sous la forme

$$R^i_{\lambda rs} = 0.$$

Nous savons qu'effectivement ces conditions sont réalisées dans
l'espace euclidien; en effet, les composantes du tenseur de Riemann-
Christoffel sont évidemment nulles dans le système cartésien normal
et par suite elles le sont aussi dans tout autre système de coordonnées.

Inversement, nous allons montrer que, si le tenseur de Riemann-
Christoffel est identiquement nul, l'espace est euclidien, c'est-à-dire
qu'on peut trouver un changement de variables ramenant les
coefficients de la forme quadratique fondamentale à être des
constantes.

En effet, puisque alors les conditions d'intégrabilité du système
(17) sont satisfaites, nous pouvons en tirer d'une façon univoque

les composantes de n vecteurs $(\xi_{(\alpha)})$ [1] attachés à un point quelconque de l'espace et se réduisant en un point choisi pour origine à n vecteurs arbitrairement donnés à l'avance. Nous prendrons ces vecteurs initiaux linéairement indépendants, c'est-à-dire que le déterminant de leurs composantes devra être différent de zéro.

Or, s'il existe un système cartésien de coordonnées $\overline{x}^i$, les courbes de coordonnées de ce système sont des droites qui formeront en tout point de l'espace un angle polyèdre de n arêtes se déduisant évidemment d'une de ses positions par déplacement parallèle. Essayons d'identifier cet angle polyèdre avec celui déterminé par les vecteurs que nous venons de construire. Il suffira pour cela de poser

$$(18) \qquad \frac{\partial x^i}{\partial \overline{x}^\alpha} = \xi^i_\alpha.$$

Nous obtenons ainsi un nouveau système d'équations aux dérivées partielles, qui est aussi complètement intégrable. On a en effet

$$(19) \qquad \frac{\partial^2 x^i}{\partial \overline{x}^\alpha \, \partial \overline{x}^\beta} = \frac{\partial \xi^i_{(\alpha)}}{\partial x^\lambda} \frac{\partial x^\lambda}{\partial \overline{x}^\beta} = - \left\{ \begin{matrix} \mu & \lambda \\ & i \end{matrix} \right\} \xi^\mu_{(\alpha)} \xi^\lambda_{(\beta)},$$

et la symétrie du résultat en α et β montre que l'on a bien

$$\frac{\partial^2 x^i}{\partial \overline{x}^\alpha \, \partial \overline{x}^\beta} \equiv \frac{\partial^2 x^i}{\partial \overline{x}^\beta \, \partial \overline{x}^\alpha}.$$

Ce système permettra donc de déterminer de façon univoque un changement de variables

$$x^i = f^i(\overline{x}^1, \overline{x}^2, \ldots, \overline{x}_n),$$

les x^i se réduisant à des quantités données à l'avance pour des valeurs initiales des x^i et le déterminant fonctionnel sera bien différent de zéro.

Il est maintenant facile de constater que dans ce nouveau système les $\overline{g}_{ik}$ sont bien des constantes; en effet la formule de Christoffel

$$\frac{\partial^2 x^i}{\partial \overline{x}^\alpha \, \partial \overline{x}^\beta} + \left\{ \begin{matrix} \mu & \lambda \\ & i \end{matrix} \right\} \frac{\partial x^\mu}{\partial \overline{x}^\alpha} \frac{\partial x^\lambda}{\partial \overline{x}^\beta} = \overline{\left\{ \begin{matrix} \alpha & \beta \\ & k \end{matrix} \right\}} \frac{\partial x^i}{\partial \overline{x}^k}$$

---

[1] Nous plaçons les indices entre parenthèses pour montrer qu'ils sont de simples numéros d'ordre des n vecteurs, ils n'indiquent aucun caractère de covariance.

se réduit, en tenant compte de l'équation (19), à

$$\overline{\left\{ \begin{matrix} \alpha & \beta \\ & k \end{matrix} \right\}} \frac{\partial x^i}{\partial \overline{x}^k} = 0;$$

par conséquent dans le système $\overline{x}^i$ les symboles de deuxième espèce sont nuls, il en est donc de même des dérivées partielles $\dfrac{\partial \overline{g}_{ik}}{\partial \overline{x}^l}$ [form. (14) et (15), Chap. II].

CHAPITRE V.

ESPACES RIEMANNIENS A n DIMENSIONS.

Abordons maintenant l'étude de l'espace riemannien général. Elle peut se faire par deux méthodes également importantes. L'une, employée en particulier par M. Levi-Civita, consiste à regarder l'espace riemannien à étudier comme contenu dans un espace euclidien à un nombre de dimensions plus grand. L'étude se trouve ainsi ramenée à celle des variétés *non linéaires* de l'espace euclidien.

L'autre, développée par M. Weyl, et peut-être plus conforme à l'esprit des méthodes de géométrie infinitésimale, envisage une à une des portions très petites de l'espace dans le voisinage de ses différents points: les propriétés de ces domaines infinitésimaux diffèrent peu de celles de domaines euclidiens en vertu de la continuité des coefficients g_{ik}: le point le plus délicat est de déterminer ensuite la nature de la connexion que l'on peut établir entre des domaines voisins.

Nous allons dans ce Chapitre exposer la première de ces deux méthodes.

I. — MÉTHODE DE M. LEVI-CIVITA. GÉNÉRALITÉS.

89. Notations et formules préliminaires. — Supposons donné un espace riemannien à n dimensions par sa forme quadratique fondamentale $g_{ik}\,dx^i\,dx^k$ dans un système quelconque de variables x^i et cherchons s'il est possible de trouver un espace euclidien le contenant. Nous supposerons ce dernier à m dimensions et rapporté à un système *cartésien normal* de coordonnées y^ρ.

On devra pouvoir trouver des formules

$$y^\rho = f^\rho(x^1,\, x^2.\, \ldots,\, x^n),$$

telles que la forme quadratique $\displaystyle\sum_{\rho=1}^{\rho=m} (dy^\rho)^2$ se réduise à $g_{ik}\, dx^i\, dx^k$ quand on y substitue les x aux y.

L'identification conduit immédiatement aux relations

$$(1) \qquad \frac{\partial y^\rho}{\partial x^i} \frac{\partial y^\rho}{\partial x^k} = g_{ik},$$

qui forment un système de $\dfrac{n(n+1)}{2}$ équations aux dérivées partielles aux m fonctions inconnues y^ρ. La résolution n'en sera en général possible que si m est au moins égal à $\dfrac{n(n+1)}{2}$ [1].

Naturellement, si les fonctions g_{ik} sont liées par des relations particulières, il peut se faire que ces équations soient compatibles même pour des valeurs de m inférieures à $\dfrac{n(n+1)}{2}$.

Pour éviter les confusions qui pourraient résulter de l'emploi simultané de deux espaces à nombres de dimensions différents, nous adopterons *pour ce Chapitre* des notations spéciales.

Nous appellerons $\mathcal{R}$ l'espace riemannien et nous représenterons les coordonnées d'un point ou les composantes d'un tenseur dans cet espace par l'une des lettres a, α, x, ξ, *affectées d'indices en lettres latines variant de 1 à n*.

Nous appellerons $\mathcal{E}$ l'espace euclidien contenant $\mathcal{R}$ et nous représenterons les coordonnées d'un point ou les composantes d'un tenseur par rapport à un *système cartésien normal* de cet espace par l'une des lettres b, β, y, η, *affectées d'indices en lettres grecques variant de 1 à m*.

Nous allons établir maintenant une formule qui nous sera utile par la suite et qui nous permettra d'exprimer les symboles de Christoffel en fonction des dérivées partielles des y^ρ par rapport aux x^i [2].

---

[1] En particulier si $n = 2$, $\dfrac{n(n+1)}{2} = 3$, autrement dit il n'existe pas d'autres *surfaces* que celles que nous étudions dans l'espace euclidien à trois dimensions. Au contraire si $n = 3$, $\dfrac{n(n+1)}{2} = 6$ et si par conséquent nous nous trouvions dans un espace euclidien à quatre dimensions, les sous-espaces riemanniens à trois dimensions que nous pourrions y étudier ne seraient pas les plus généraux.

[2] Ces symboles de Christoffel sont naturellement calculés dans l'espace $\mathcal{R}$, ceux de l'espace $\mathcal{E}$ étant tous nuls avec le système de coordonnées choisi.

Pour cela, reprenons la formule

$$\frac{\partial y^\rho}{\partial x^r}\,\frac{\partial y^\rho}{\partial x^s} = g_{rs}$$

que nous venons d'établir et formons sa dérivée partielle par rapport à la variable x^t

$$\frac{\partial^2 y^\rho}{\partial x^r\,\partial x^t}\,\frac{\partial y^\rho}{\partial x^s} + \frac{\partial y^\rho}{\partial x^r}\,\frac{\partial^2 y^\rho}{\partial x^s\,\partial x^t} = \frac{\partial g_{rs}}{\partial x^t}.$$

Nous obtiendrons deux formules analogues en permutant dans cette dernière soit les indices r et t, soit les indices s et t. A l'aide de ces trois formules, nous formerons sur les seconds membres la combinaison

$$\frac{1}{2}\left(\frac{\partial g_{rt}}{\partial x^s} + \frac{\partial g_{st}}{\partial x^r} - \frac{\partial g_{rs}}{\partial x^t}\right)$$

définissant le symbole de Christoffel $\left[\begin{matrix} r & s \\ & t \end{matrix}\right]$ et nous obtiendrons immédiatement la formule que nous avions en vue

$$(2)\qquad \left[\begin{matrix} r & s \\ & t \end{matrix}\right] = \frac{\partial^2 y^\rho}{\partial x^r\,\partial x^s}\,\frac{\partial y^\rho}{\partial x^t}.$$

90. Variété linéaire tangente à l'espace $\mathcal{R}$ en un de ses points. — Considérons un point P de l'espace $\mathcal{R}$ déterminé par ses coordonnées x^i; ce point aura aussi des coordonnées y^ρ dans l'espace $\mathcal{E}$. Donnons aux x^i de petits accroissements, le point P passera dans une position voisine P′ de coordonnées $x^i + dx^i$ dans $\mathcal{R}$ et $y^\rho + dy^\rho$ dans $\mathcal{E}$. Dans l'espace $\mathcal{E}$ les quantités dy^ρ définissent un vecteur infiniment petit, *nous conviendrons de dire que ce vecteur a pour composantes dans l'espace $\mathcal{R}$ les accroissements dx^i*. Entre ces deux systèmes de composantes il existe naturellement les relations

$$dy^\rho = \frac{\partial y^\rho}{\partial x^i}\,dx^i.$$

Supposons maintenant que nous substituions aux dx^i et aux dy^ρ des quantités finies ξ^i et η^ρ qui leur soient proportionnelles; les quantités η^ρ définiront dans l'espace $\mathcal{E}$ un vecteur PQ qui sera dit *tangent à l'espace $\mathcal{R}$ au point* P et nous regarderons les ξ^i comme les composantes de ce vecteur rapporté à l'espace $\mathcal{R}$ lui-même.

Entre ces deux sortes de composantes, il y a naturellement les relations

$$(3) \qquad \eta^\rho = \frac{\partial y^\rho}{\partial x^i}\, \xi^i.$$

Dans ces formules les quantités ξ^i peuvent être prises arbitrairement et si on leur donne toutes les valeurs possibles, l'extrémité Q du vecteur (PQ) décrit dans l'espace $\mathcal{C}$ un sous-espace euclidien à n dimensions qui sera dit *variété linéaire tangente à l'espace* $\mathcal{R}$ *au point* P.

Longueur d'un vecteur tangent. — La longueur du vecteur (PQ) est naturellement égale à

$$\sqrt{\sum_{\rho=1}^{\rho=m} (\eta^\rho)^2},$$

mais elle peut aussi s'exprimer à l'aide de ses composantes dans l'espace $\mathcal{R}$ et un calcul immédiat, basé sur l'emploi des formules (1), lui donne encore la forme

$$\sqrt{g_{ik}\,\xi^i\,\xi^k}.$$

Angle de deux vecteurs tangents à $\mathcal{R}$ *au même point.* — Soit (PQ′) un second vecteur tangent en P, de composantes ξ'^i dans $\mathcal{R}$ et η'^ρ dans $\mathcal{C}$. Un calcul analogue transformera la formule donnant le cosinus de l'angle des deux vecteurs dans l'espace euclidien

$$l\,l'\cos V = \eta^\rho\,\eta'^\rho$$

(l et l' étant les longueurs des deux vecteurs) en la suivante exprimée à l'aide de leurs composantes dans l'espace $\mathcal{R}$

$$l\,l'\cos V = g_{ik}\,\xi^i\,\xi'^k.$$

91. Variété linéaire normale à l'espace $\mathcal{R}$ en un de ses points. — Soit (PR) un vecteur issu du point P, dans $\mathcal{C}$, et de composantes β^ρ par rapport à cet espace. Nous dirons que ce vecteur est *normal en* P *à l'espace* $\mathcal{R}$ s'il est orthogonal à *tous* les vecteurs tangents à $\mathcal{R}$ issus de P. Prenons un tel vecteur tangent (PQ) de composantes η^ρ dans $\mathcal{C}$ et ξ^i dans $\mathcal{R}$, liées par la relation

$$\eta^\rho = \frac{\partial y^\rho}{\partial x^i}\, \xi^i.$$

La condition d'orthogonalité des vecteurs (PR) et (PQ) s'écrit

$$\beta^\rho \tau_i^\rho = 0$$

ou encore

$$\beta^\rho \frac{\partial y^\rho}{\partial x^i}\, \xi^i = 0.$$

Le vecteur (PR) sera normal si cette condition est remplie quel que soit le vecteur (PQ), c'est-à-dire quelles que soient ses composantes ξ^i, ce qui entraîne

$$(4) \qquad \beta^\rho \frac{\partial y^\rho}{\partial x^i} = 0.$$

Ces relations forment un système de n équations linéaires entre les m quantités β^ρ. Il y a donc une infinité de vecteurs normaux dont les extrémités décrivent un sous-espace euclidien à $m - n$ dimensions dit *variété linéaire normale à l'espace $\mathcal{R}$ au point* P.

Application. Projection d'un vecteur issu de P *dans l'espace $\mathcal{E}$ sur la variété linéaire tangente en* P *à l'espace $\mathcal{R}$.* — Soit (PR) un vecteur quelconque de l'espace $\mathcal{E}$, de composantes β^ρ. Nous appellerons *projection de ce vecteur sur la variété linéaire tangente en* P *à* $\mathcal{R}$ un vecteur tangent (PQ) tel que le vecteur différence (PR) — (PQ) soit normal en P à l'espace $\mathcal{R}$.

Soient τ_i^ρ et ξ^i les composantes du vecteur (PQ) dans $\mathcal{E}$ et dans $\mathcal{R}$, la condition d'orthogonalité s'écrira

$$(\beta^\rho - \tau_i^\rho)\frac{\partial y^\rho}{\partial x^i} = 0,$$

ou encore, en remplaçant les τ_i^ρ en fonction des ξ^i et en utilisant la formule (1),

$$\beta^\rho \frac{\partial y^\rho}{\partial x^i} = \frac{\partial y^\rho}{\partial x^i}\frac{\partial y^\rho}{\partial x^i}\,\xi^i = g_{il}\,\xi^l.$$

On en tire enfin, par multiplication par g^{ik} suivie de contraction, les valeurs des composantes dans l'espace $\mathcal{R}$ du vecteur projection

$$(5) \qquad \xi^k = g^{ik}\beta^\rho \frac{\partial y^\rho}{\partial x^i}.$$

92. Variétés de l'espace riemannien. Courbes. — Si les coordonnées x^i d'un point P de l'espace $\mathcal{R}$ sont des fonctions de p paramètres essentiels ($p < n$), l'ensemble des positions de ce point, quand les paramètres prennent indépendamment l'un de l'autre toutes les valeurs possibles, constitue une variété à p dimensions de cet espace. Il est évident que cette variété fait aussi partie de l'espace $\mathcal{E}$ et elle pourra y être étudiée directement, sans passer par l'intermédiaire de $\mathcal{R}$. Il suffira pour cela de remplacer la forme quadratique $g_{ik}\, dx^i\, dx^k$ par la *forme quadratique relative à la variété* comme nous l'avons déjà fait au Chapitre précédent pour les variétés de l'espace euclidien (*voir* n° **72**) ([1]).

Les plus simples des variétés sont celles à une dimension que nous appellerons encore *courbes*.

En particulier, si le paramètre unique t varie entre deux limites t_0 et t_1, le point P décrira un *arc* de la courbe totale, arc dont la longueur sera la valeur de l'intégrale

$$s = \int_{t_0}^{t_1} \sqrt{g_{ik}\,\frac{dx^i}{dt}\,\frac{dx^k}{dt}}\, dt.$$

Cette longueur pourra du reste être affectée d'un signe si l'on a pris soin au préalable *d'orienter* la courbe, comme nous l'avons fait dans l'espace euclidien.

93. Étude des courbes de l'espace $\mathcal{R}$. Courbure géodésique. — Toute courbe de $\mathcal{R}$ est susceptible d'être étudiée directement dans l'espace $\mathcal{E}$; nous pourrons y définir en particulier sa normale principale en un point quelconque que nous appellerons *normale principale absolue* et qui sera déterminée par le vecteur (PN_a) de composantes $\dfrac{d^2 y^\rho}{ds^2}$.

Le vecteur (PN_r), projection de (PN_a) sur la variété linéaire tangente en P, a pour support une droite qui sera dite la *normale principale relative* en P à la courbe considérée. Les composantes ξ^k du vecteur (PN_r) dans l'espace $\mathcal{R}$ sont immédiatement données par la formule (5) qui prend alors la forme

$$\xi^k = g^{ik}\,\frac{\partial y^\rho}{\partial x^i}\,\frac{d^2 y^\rho}{ds^2}.$$

([1]) Le lecteur pourra démontrer sans peine, par un calcul direct, que cette forme quadratique relative est indépendante du système des coordonnées x^i choisi dans l'espace $\mathcal{R}$ pour la former.

Ces composantes s'expriment facilement en fonction des seules données dans l'espace $\mathcal{R}$, on a en effet

$$\frac{dy^\rho}{ds} = \frac{\partial y^\rho}{\partial x^l}\frac{dx^l}{ds},$$

$$\frac{d^2 y^\rho}{ds^2} = \frac{\partial y^\rho}{\partial x^l}\frac{d^2 x^l}{ds^2} + \frac{\partial^2 y^\rho}{\partial x^l \partial x^r}\frac{dx^l}{ds}\frac{dx^r}{ds},$$

et par suite

$$\xi^k = g^{ik}\frac{\partial y^\rho}{\partial x^i}\frac{\partial y^\rho}{\partial x^l}\frac{d^2 x^l}{ds^2} + g^{ik}\frac{\partial y^\rho}{\partial x^i}\frac{\partial^2 y^\rho}{\partial x^l \partial x^r}\frac{dx^l}{ds}\frac{dx^r}{ds}$$

$$= g^{ik}g_{il}\frac{d^2 x^l}{ds^2} + g^{ik}\begin{bmatrix} l & r \\ & i \end{bmatrix}\frac{dx^l}{ds}\frac{dx^r}{ds},$$

d'après les formules (1) et (2), ou enfin

$$(6) \qquad \xi^k = \frac{d^2 x^k}{ds^2} + \begin{Bmatrix} l & r \\ & k \end{Bmatrix}\frac{dx^l}{ds}\frac{dx^r}{ds}.$$

Le vecteur (PN_r) est parfaitement déterminé par ces formules ; il en est alors de même de la normale principale relative sauf dans le cas où toutes les composantes ξ^k seraient nulles. Pour une courbe quelconque, cette particularité peut se produire en quelques points remarquables, mais elle se présente en *tous* les points d'une géodésique qui apparaît ainsi, de même que dans la théorie des surfaces, comme une courbe dont la normale principale absolue est normale à la variété sur laquelle elle est tracée (¹).

On vérifie facilement, par un calcul direct, que la normale principale relative est perpendiculaire à la tangente ; ceci revient du reste à énoncer pour l'espace $\mathcal{E}$ le théorème suivant, analogue à un théorème bien connu de la géométrie classique : la projection d'un angle droit sur une variété linéaire contenant un de ses côtés est encore un angle droit.

Les composantes a'^i d'un vecteur unité porté par la normale principale relative seraient proportionnelles aux quantités ξ^i, on peut donc poser

$$a'^i = R'\xi^i,$$

(¹) Nous avons laissé de côté le cas où la normale principale absolue est elle-même indéterminée ; la courbe est alors une droite de l'espace $\mathcal{E}$ et elle se présente du reste encore comme une géodésique de l'espace $\mathcal{R}$. Nous avons de même laissé de côté le cas où, en certains points de la courbe, les $\dfrac{d^2 y^\rho}{ds^2}$ seraient tous nuls et où il faudrait faire appel à des dérivées d'ordre supérieur pour déterminer la normale principale absolue.

le facteur de proportionnalité R' étant tel que $g_{ik} a'^i a'^k = 1$, ce qui donne

$$(7) \qquad R' = \frac{1}{\sqrt{g_{ik} \xi^i \xi^k}}.$$

Ce nombre R' s'appelle le *rayon de courbure géodésique* de la courbe au point P. Si la courbe est une géodésique, ce rayon de courbure est infini en chacun de ses points.

Il y a entre ce rayon de courbure géodésique R' et le rayon de courbure *absolu* R (défini dans l'espace $\mathcal{E}$) une relation très simple. En effet, la longueur du vecteur (PN_a) est évidemment $\frac{1}{R}$, celle du vecteur (PN_r) est $\frac{1}{R'}$, on a donc

$$(8) \qquad \frac{1}{R} \cos \widehat{PN_a, \ PN_r} = \frac{1}{R'} \quad (^1).$$

II. — LE DÉPLACEMENT PARALLÈLE.

94. Définition. — Soient deux points voisins P et P' de l'espace $\mathcal{R}$ de coordonnées respectives (y^p, x^i) et $(y^p + dy^p, x^i + dx^i)$, nous nous proposons d'établir entre les vecteurs tangents en P les vecteurs tangents en P' à $\mathcal{R}$ une correspondance biunivoque et réciproque qui étendra aux espaces riemanniens la notion d'équipollence. Deux vecteurs correspondants seront alors dits déduits l'un de l'autre par *déplacement parallèle*.

Seulement, tandis que l'équipollence pouvait se définir immédiatement pour deux vecteurs quelconques de l'espace euclidien, ici nous serons forcés de procéder de proche en proche, d'établir notre définition pour des points infiniment voisins et d'employer un processus d'intégration si nous voulons l'étendre à des points séparés par une distance finie.

Pour définir cette correspondance, nous transporterons de P' en P par une translation (effectuée dans l'espace $\mathcal{E}$) l'ensemble des vecteurs issus de P' et formant la variété linéaire tangente en ce point, puis nous les projetterons ortho-

---

(¹) Pour plus de détails sur la théorie des courbes dans l'espace riemannien, *voir* l'article déjà cité (p. 108) de W. Blaschke.

gonalement sur la variété linéaire tangente en P. *Les vecteurs des deux variétés que cette transformation amènera en coïncidence seront alors regardés comme correspondants.*

De façon un peu plus générale, soient deux vecteurs (PQ), de composantes (η^ρ, ξ^i), et (P'Q'), de composantes (η'^ρ, ξ'^i), pris dans chacune des deux variétés tangentes; transportons (P'Q') par une translation en (PQ'_1) et projetons-le en (PQ'_2) sur la variété tangente en P'; nous allons calculer les composantes α^i (dans $\mathcal{R}$) du vecteur différence $(PQ'_2) - (PQ)$.

Nous mènerons le calcul en regardant les accroissements dx^i comme des infiniment petits dont nous négligerons les carrés et les produits.

Ceci posé, le vecteur (PQ'_1) a pour composantes dans $\mathcal{E}$ les quantités η'^ρ, sa projection (PQ'_2) sur la variété linéaire tangente a donc pour composantes dans $\mathcal{R}$ [form. (5)] les quantités

$$g^{ik}\eta'^\rho \frac{\partial y^\rho}{\partial x^k}.$$

On aura donc pour les composantes α^i cherchées

$$\alpha^i = g^{ik}\eta'^\rho \frac{\partial y^\rho}{\partial x^k} - \xi^i.$$

Or on a

$$\eta'^\rho = \left(\frac{\partial y^\rho}{\partial x^l}\right)' \xi'^l \quad (^1),$$

c'est-à-dire au degré d'approximation mentionné

$$\eta'^\rho = \left[\frac{\partial y^\rho}{\partial x^l} + \frac{\partial^2 y^\rho}{\partial x^l \partial x^r}\, dx^r\right]\xi'^l,$$

et ceci donne

$$\alpha^i = g^{ik}\frac{\partial y^\rho}{\partial x^k}\frac{\partial y^\rho}{\partial x^l}\xi'^l + g^{ik}\frac{\partial y^\rho}{\partial x^k}\frac{\partial^2 y^\rho}{\partial x^l \partial x^r}\xi'^l\, dx^r - \xi^i$$

$$= g^{ik}g_{kl}\xi'^l + g^{ik}\left[\begin{matrix} l & r \\ & k \end{matrix}\right]\xi'^l\, dx^r - \xi^i,$$

d'après les formules (1) et (2).

D'où finalement

$$\alpha^i = \xi'^i + \left\{\begin{matrix} l & r \\ & i \end{matrix}\right\}\xi'^l\, dx^r - \xi^i.$$

$(^1)$ L'accent indique que les dérivées ont leur valeur prise au point P'.

Si les vecteurs (PQ) et $(P'Q')$ proviennent d'un champ continu de vecteurs, on peut poser

$$\xi'^i = \xi^i + d\xi^i = \xi^i + \frac{\partial \xi^i}{\partial x^r}\, dx^r,$$

et les formules ci-dessus deviennent, toujours au même degré d'approximation,

$$\alpha^i = d\xi^i - \left\{ \begin{matrix} l & r \\ & i \end{matrix} \right\} \xi^l\, dx^r = \Delta_r \xi^i\, dx^r.$$

En particulier, le vecteur $(P'Q')$ résultera du déplacement parallèle du vecteur (PQ) si l'on a l'une ou l'autre des deux conditions équivalentes

$$(9) \qquad\qquad \Delta_r \xi^i\, dx^r = 0,$$

$$(9') \qquad\qquad d\xi^i + \left\{ \begin{matrix} l & r \\ & i \end{matrix} \right\} \xi^l\, dx^r = 0.$$

95. Formules du déplacement parallèle exprimées à l'aide des composantes covariantes.

— Les premiers membres des équations précédentes sont des systèmes tensoriels, par suite les règles de l'abaissement de l'indice permettent de les écrire

$$(10) \qquad\qquad \Delta_r \xi_i\, dx^r = 0.$$

c'est-à-dire, sous forme explicite,

$$(10') \qquad\qquad d\xi_i - \left\{ \begin{matrix} i & r \\ & l \end{matrix} \right\} \xi_l\, dx^r = 0,$$

équations qui serviront à définir le déplacement parallèle lorsqu'on voudra opérer sur les composantes covariantes du vecteur.

Conséquence. — Le produit scalaire de deux vecteurs reste constant si ces vecteurs sont soumis à un même déplacement parallèle.

En effet, ce produit scalaire peut s'écrire $\xi^i \xi'_i$; dans le déplacement parallèle il subit l'accroissement

$$d(\xi^i \xi'_i) = \xi^i\, d\xi'_i + \xi'_i\, d\xi^i,$$

et l'on s'aperçoit immédiatement que cet accroissement est nul si l'on y remplace les $d\xi^i$ et $d\xi'_i$ par leurs valeurs tirées des formules $(9')$ et $(10')$.

En particulier, la longueur d'un vecteur reste constante et il en est par suite de même de l'angle de deux vecteurs quelconques.

Ces propriétés ne sont naturellement vraies qu'en négligeant les infiniment petits du second ordre; on peut donc dire qu'à cet ordre d'approximation, le déplacement parallèle a tous les caractères d'un déplacement euclidien.

En toute rigueur du reste, la correspondance que nous avons ainsi établie entre les variétés linéaires tangentes en P et en P' est une correspondance affine, c'est-à-dire une homographie conservant les éléments à l'infini. Il s'ensuit que l'opération du déplacement parallèle est *permutable* avec l'opération de l'addition des vecteurs et avec celle de la multiplication d'un vecteur par un nombre.

96. Le déplacement parallèle et les géodésiques.

— Le déplacement parallèle a aussi un lien très naturel avec les lignes géodésiques. Si nous considérons en effet un vecteur unité porté par la tangente à une telle courbe, il aura pour composantes contrevariantes les quantités

$$\xi^i = \frac{dr^i}{ds},$$

et les équations différentielles des géodésiques [*voir* form. (9), Chap. II] montrent précisément que ce vecteur progresse par déplacement parallèle le long de la courbe.

Ceci établit un lien de plus entre la géodésique d'un espace quelconque et la droite de l'espace euclidien qui est la seule courbe d'un tel espace dont la tangente se déplace par translation.

Une autre conséquence immédiate de cette propriété est que si l'on déplace parallèlement un vecteur en faisant décrire à son origine une géodésique, l'angle qu'il fait avec la tangente à cette courbe reste constant.

III. — COURBURE D'UN ESPACE RIEMANNIEN.

97. Généralités.

— Nous avons déjà rencontré les équations (9) dans le Chapitre précédent où elles caractérisaient, pour un espace euclidien, les conditions d'un déplacement par translation.

Nous y avons du reste démontré qu'elles formaient alors un système d'équations aux différentielles totales complètement intégrable et que par suite, en soumettant un vecteur à un déplacement parallèle le long d'une courbe de longueur finie, sa position finale ne dépendait que du point d'arrivée et de la position initiale du vecteur. Ceci était du reste évident *a priori*, mais, inversement, nous y avons montré également que ces conditions d'intégrabilité complète (qui se traduisent par la nullité du tenseur de Riemann-Christoffel) étaient suffisantes pour que l'espace soit euclidien.

Pour un espace riemannien, au contraire, lorsqu'on transportera un vecteur d'une position à une autre, en le déplaçant parallèlement de proche en proche, le résultat final dépendra essentiellement de la trajectoire de l'origine du vecteur et par suite nous ne pourrons pas parler sans plus de deux vecteurs parallèles en des points non infiniment voisins. En particulier, si cette trajectoire est une courbe fermée, le vecteur, dans sa position finale, fera un certain angle avec sa position de départ. Cet angle caractérise en quelque sorte la façon dont l'espace se s'écarte de la variété linéaire tangente, c'est en somme une *courbure de l'espace* et c'est cette notion que nous nous proposons de préciser ici.

Mais, avant d'aller plus loin, nous dirons quelques mots du cas des surfaces, c'est-à-dire des espaces riemanniens à deux dimensions.

98. La courbure totale des surfaces et le déplacement parallèle.

— Si l'on cherche à étendre la notion de courbure d'une courbe gauche au cas d'une surface, on est amené à considérer comme naturelle l'extension suivante (¹). Par un point O quelconque de l'espace, on mènera des parallèles aux normales à la surface en ses différents points P, on portera sur ces droites des segments Op, de longueur égale à l'unité, dans un sens arbitraire soumis à la seule restriction que le point p se déplace d'une façon continue en même temps que le point P (²).

(¹) La façon de procéder que nous allons indiquer n'est du reste pas la seule, il est d'autres extensions qui conduiraient au contraire à la courbure moyenne. (Voir DARBOUX, *Leçons sur la Théorie générale des surfaces*, t. II, p. 365.)

(²) Nous supposons naturellement ici que nous ne considérions qu'une portion de surface assez petite pour qu'on puisse dans tous les cas en distinguer les deux côtés.

On établit ainsi une correspondance par plans tangents parallèles entre les points de la surface et ceux de la sphère de rayon unité sur laquelle se déplace le point p.

Prenons maintenant un élément de la surface, d'aire dS et limité par une courbe (C); quand le point P coïncidera successivement avec tous les points de cette aire, le point p décrira une certaine portion de la sphère d'étendue $d\sigma$ limitée par une courbe (γ) correspondant à (C). Il sera naturel d'appeler courbure de la surface en P la limite du rapport $\dfrac{d\sigma}{dS}$ lorsque la courbe (C) devenant de plus en plus petite dans toutes ses dimensions se réduira au point P.

A première vue, cette définition de la courbure paraît intimement liée à la notion de l'espace à trois dimensions dans lequel se trouve la surface, mais il n'en est rien et nous allons montrer ce fait remarquable que *la courbure ainsi définie peut être décelée par des êtres habitant la surface et n'ayant aucune idée de ce qui peut se passer en dehors d'elle.*

Nous retrouverons ainsi le classique théorème de Gauss montrant que la courbure totale s'exprime uniquement à l'aide des coefficients de la forme quadratique donnant le ds^2 de la surface.

Il nous suffira, pour justifier cette affirmation, de démontrer que l'aire $d\sigma$ est égale à la variation angulaire que subit un vecteur tangent à la surface donnée et déplacé parallèlement d'un tour complet le long de la courbe (C).

Supposons en effet que nous attachions à chaque point P de la surface un vecteur tangent (PQ) et menons par le point correspondant p de la représentation sphérique un vecteur équipollent (pq); il est évident, en vertu du parallélisme des plans tangents, que, si le vecteur (PQ) subit un déplacement parallèle sur la surface, le vecteur (pq) subit aussi un déplacement parallèle sur la sphère.

Étudions donc le déplacement parallèle sur la sphère. Nous rapporterons celle-ci à un système d'axes rectangulaires ayant son centre pour origine et à des coordonnées géographiques θ et φ (colatitude et longitude).

Pour être d'accord avec les notations employées jusqu'ici nous devons donc poser

$$x^1 = \theta, \qquad x^2 = \varphi.$$

L'élément linéaire de la sphère prend alors la forme

$$ds^2 = d\theta^2 + \sin^2\theta \; d\varphi^2.$$

Un calcul très simple, que je ne reproduis pas, permet de trouver les symboles de Christoffel de deuxième espèce qui ont pour valeurs

$$\begin{Bmatrix} 1 \\ 1 \; 1 \end{Bmatrix} = 0, \qquad \begin{Bmatrix} 1 \\ 1 \; 2 \end{Bmatrix} = \begin{Bmatrix} 2 \\ 1 \; 1 \end{Bmatrix} = 0, \qquad \begin{Bmatrix} 2 \\ 1 \; 1 \end{Bmatrix} = -\sin\theta\cos\theta,$$

$$\begin{Bmatrix} 1 \\ 1 \; 2 \end{Bmatrix} = 0, \qquad \begin{Bmatrix} 1 \\ 1 \; 2 \end{Bmatrix} = \begin{Bmatrix} 2 \\ 1 \; 2 \end{Bmatrix} = \cot\theta, \qquad \begin{Bmatrix} 2 \\ 1 \; 2 \end{Bmatrix} = 0.$$

Les formules définissant le déplacement parallèle d'un vecteur de composantes contrevariantes ξ^1 et ξ^2 (relativement à la sphère) prendront alors la forme

$$d\xi^1 - \sin\theta\cos\theta \; \xi^2 \; d\varphi = 0,$$
$$d\xi^2 + \cot\theta(\xi^1 \; d\varphi + \xi^2 \; d\theta) = 0.$$

À la place des composantes contrevariantes ξ^1 et ξ^2, introduisons les mesures algébriques X et Y des projections du vecteur sur la tangente au méridien et sur la tangente au parallèle qui se croisent en P (les sens positifs de ces courbes étant respectivement celui des θ croissants et celui des φ croissants). D'après les formules (6) du Chapitre III on aura

$$X = \xi^1,$$
$$Y = \xi^2 \sin\theta.$$

Les équations du déplacement parallèle deviennent alors

$$dX - \cos\theta \; Y \; d\varphi = 0,$$
$$dY + \cos\theta \; X \; d\varphi = 0.$$

On vérifie immédiatement qu'elles admettent l'intégrale

$$X^2 + Y^2 = l^2$$

qui exprime la conservation de la longueur du vecteur, ce que nous savions déjà. Nous pourrons donc poser

$$X = l\cos\omega, \qquad Y = l\sin\omega,$$

ω étant l'angle du vecteur avec la tangente orientée au méridien du point P [1].

Les deux équations précédentes se réduisent alors à une seule

$$d\omega - \cos\theta\, d\varphi = 0.$$

Supposons maintenant que le point p décrive un contour fermé (γ) n'entourant pas l'axe Oz, la variation totale de ω, c'est-à-dire l'angle dont aura tourné le vecteur, sera fournie par l'intégrale

$$\omega_1 - \omega_0 = -\int_{(\gamma)} \cos\theta\, d\varphi.$$

Or, un calcul tout élémentaire montre que, dans un petit déplacement du point p, l'arc de grand cercle Ap balaye une aire dont la mesure est à des infiniment petits du second ordre près égale à $(1 - \cos\theta)\, d\varphi$.

La somme algébrique des aires balayées par cet arc de grand cercle, lorsque le point p décrira tout le contour (γ), sera égale à l'aire intérieure à ce contour (comptée positivement si le mouvement du point p a lieu dans le sens des rotations positives, négativement dans le cas contraire) ; cette aire aura par suite pour mesure l'intégrale

$$\int_{(\gamma)} (1 - \cos\theta)\, d\varphi = -\int_{\gamma} \cos\theta\, d\varphi \ [2].$$

Ainsi se trouve bien démontrée l'affirmation que l'angle dont a tourné le vecteur est égal en grandeur et signe à l'aire incluse à l'intérieur du contour (γ) [3].

En prenant sur la surface comme sens des rotations positives le sens correspondant à celui choisi sur la sphère, des êtres habitant

---

[1] Nous choisissons comme sens des rotations positives sur la sphère celui qui amènerait par une rotation de $\frac{\pi}{2}$ la tangente positive T_1 au méridien sur la tangente positive T_2 au parallèle.

[2] Ce fait résulterait aussi immédiatement de la transformation de l'intégrale curviligne en intégrale double à l'aide de la formule de Green. (*Cf.* BOU-LIGAND. *Leçons de Géométrie vectorielle*. p. 256.)

[3] Il est à remarquer ici que cette formule est établie en toute rigueur et que nous n'avons pas eu besoin de supposer que le contour (γ) était infiniment petit. Le lecteur vérifiera sans peine que la restriction que nous avons imposée à ce contour de ne pas entourer l'axe Oz peut être levée facilement.

la surface pourront ainsi mesurer algébriquement, *sur elle seulement*, les quantités dS et $d\sigma$ et par suite déterminer le nombre relatif qui en caractérise la courbure en chacun de ses points. On vérifie du reste immédiatement que le signe de cette courbure est indépendant du sens conventionnellement choisi comme sens des rotations positives.

Remarques. — 1° Il n'est peut-être pas inutile de montrer sur un exemple frappant combien le point de vue peut se trouver changé suivant que l'on considère la surface seule ou l'espace complet dans lequel elle se trouve. Déplaçons le long d'un grand cercle de la sphère un vecteur tangent de longueur constante restant orthogonal à ce grand cercle; il est évident qu'on définit ainsi un déplacement parallèle sur la sphère. Or, un observateur de l'espace à trois dimensions regardant la surface sera tenté de dire qu'après un tour complet le vecteur fait un angle nul avec sa position de départ, tandis qu'un observateur placé sur la surface le regardera, en vertu des considérations établies plus haut, comme ayant tourné de 2π.

2° En particularisant le contour (C), on peut encore obtenir un résultat intéressant. Choisissons en effet pour ce contour un petit triangle formé de trois arcs de géodésiques et soient A, B, C les mesures arithmétiques de ses angles. On vérifie facilement qu'un vecteur décrivant par déplacement parallèle les côtés du triangle dans le sens des rotations positives aura finalement tourné d'un angle égal à $A + B + C - \pi$. *On obtiendra donc la courbure totale de la surface en formant le quotient de cet « excès sphérique »* $A + B + C - \pi$ *par l'aire du triangle et en supposant que ce dernier, devenant de plus en plus petit dans toutes ses dimensions, se réduise à un point.* Cette proposition était déjà connue de Gauss.

99. Variation subie par un vecteur déplacé parallèlement dans un espace riemannien le long d'un contour fermé très petit. — Revenons à l'espace riemannien à n dimensions et soient, en un de ses points P_0, deux vecteurs tangents de composantes contrevariantes (dans $\mathcal{R}$) α^i et α'^i. Ces deux vecteurs définissent un élément linéaire à deux dimensions II inclus dans la variété linéaire tangente en P. Supposons maintenant qu'un point P de l'espace $\mathcal{R}$ décrive un arc de courbe P_0P_1 très petit situé sur une surface tangente en P_0 à l'élément ; nous pourrons supposer que cet arc est tracé sur l'élément lui-même. Attachons au point P un vecteur de composantes ξ^i se déplaçant parallèlement et proposons-nous de calculer les variations des quantités ξ^i dans le trajet P_0P_1. Nous supposerons, ce qui n'est évidemment pas une restriction, les coordonnées du point P_0 nulles et nous désignerons par ε le maximum du module de l'ensemble des coordonnées x^i du point P le long de l'arc P_0P_1.

Dans un déplacement infiniment petit du point P, les ξ^i subissent les accroissements

$$d\xi^k = -\left\{\begin{matrix} r & s \\ i & k \end{matrix}\right\} \xi^i \, dx^s.$$

Pour le déplacement total P_0P_1, nous aurons donc

$$\delta\xi^k = \xi^k_{(1)} - \xi^k_{(0)} = -\int_{P_0P_1} \left\{\begin{matrix} r & s \\ i & k \end{matrix}\right\} \xi^i \, dx^s.$$

Ce sont là des équations intégrales qui pourront fournir les valeurs des ξ^i au point P_1, en fonction de leurs valeurs au point P_0.

Nous les résoudrons par approximations successives, en ne gardant que les termes du premier et du second ordre en ε.

Nous aurons par suite (¹)

$$\left\{\begin{matrix} r & s \\ i & k \end{matrix}\right\} = \left\{\begin{matrix} r & s \\ i & k \end{matrix}\right\}_{(0)} + \left(\frac{\partial \left\{\begin{matrix} r & s \\ i & k \end{matrix}\right\}}{\partial x^i}\right)_{(0)} x^i - H\,\varepsilon^2,$$

$$\xi^r = \xi^r_{(0)} + \left(\frac{\partial \xi^r}{\partial x^i}\right)_{(0)} x^i - H'\varepsilon^2 = \xi^r_{(0)} - \left\{\begin{matrix} t & i \\ i & r \end{matrix}\right\}_{(0)} \xi^t_{(0)} x^i + H'\varepsilon^2.$$

D'où

$$\xi^k_1 - \xi^k_{(0)} = -\left\{\begin{matrix} r & s \\ i & k \end{matrix}\right\}_0 \xi^r_{(0)} \int_{P_0P_1} dx^s$$

$$- \left[\frac{\partial \left\{\begin{matrix} r & s \\ i & k \end{matrix}\right\}}{\partial x^i} - \left\{\begin{matrix} r & i \\ i & t \end{matrix}\right\}\left\{\begin{matrix} t & s \\ t & k \end{matrix}\right\}\right]_0 \xi^r_{(0)} \int_{P_0P_1} x^i \, dx^s - H''\varepsilon^3$$

(les quantités H, H', H'' restant bornées en module le long de l'arc d'intégration).

(¹) Les quantités sans indice sont relatives au point courant P, celles affectées de l'indice zéro, relatives au point P_0.

Si, en particulier, l'arc $P_0 P_1$ forme un contour fermé (C), en négligeant les infiniment petits du troisième ordre et en supprimant l'indice zéro devenu inutile, nous aurons pour les variations du vecteur après un tour complet les formules

$$\delta\xi^k = -\left[\frac{\partial \begin{Bmatrix} r & s \\ & k \end{Bmatrix}}{\partial x^i} - \begin{Bmatrix} r & i \\ & l \end{Bmatrix}\begin{Bmatrix} l & s \\ & k \end{Bmatrix}\right]\xi^r \int_{(C)} x^i\, dx^s.$$

En permutant les indices i et s et en remarquant que

$$\int_{(C)} x^i\, dx^s = -\int_{(C)} x^s\, dx^i,$$

on peut écrire cette formule sous la forme suivante

$$\delta\xi^k = -\frac{1}{4} R^k_{.ris}\, \xi^r \int_{(C)} x^i\, dx^s - x^s\, dx^i.$$

Les intégrales curvilignes qui figurent au second membre définissent en grandeur et orientation l'aire intérieure au contour (C), elles sont proportionnelles aux quantités

$$\sigma^{is} = \alpha^i \alpha'^s - \alpha^s \alpha'^i$$

et l'on a, en appelant δS la mesure de cette aire,

$$\frac{1}{2}\int_{(C)} x^i\, dx^s - x^s\, dx^i = \frac{\sigma^{is}\, \delta S}{A},$$

en posant

$$A^2 = \frac{1}{2}\, g_{ih}\, g_{kl}\, \sigma^{ik}\, \sigma^{hl}.$$

Si nous supposons, comme nous le ferons par la suite (et cela du reste uniquement pour simplifier l'écriture des calculs qui vont suivre), que les vecteurs (α) et (α') ont pour longueur l'unité, A est alors égal au sinus de leur angle V.

On a donc la formule définitive

$$(11) \qquad \delta\xi^k = -\frac{\delta S}{2A}\, R^k_{.ris}\, \xi^r \sigma^{is}.$$

Le produit intérieur du vecteur $(\delta\xi)$ par un autre vecteur quelconque (ξ') prend alors la forme

$$g_{hk}\, \xi'^h\, \delta\xi^k = -\frac{\delta S}{2A}\, g_{hk}\, R^k_{.ris}\, \xi^r \xi'^h\, \sigma^{is}$$

ou encore

$$(12) \qquad g_{hk}\,\xi^h\,\delta\xi^k = + \frac{\delta S}{4A}\,R_{hris}(\xi^h\xi'^r - \xi^r\xi'^h)\,\tau^{is}.$$

Il en résulte en particulier l'orthogonalité des vecteurs (ξ) et $(\delta\xi)$, ce qui correspond au fait que le déplacement parallèle ne modifie pas (à des infiniment petits du second ordre près) la longueur du vecteur ([1]).

100. Courbure de l'espace $\mathfrak{R}$ suivant l'orientation II. — Si nous prenons pour le vecteur (ξ) un vecteur de l'élément linéaire II [le vecteur (α) par exemple], après un tour complet le long du contour (C) ce vecteur aura subi un accroissement $(\delta\alpha)$ dont les composantes seront données par les formules (11).

En général, le nouveau vecteur $(\alpha) + (\delta\alpha)$ sera sorti de l'élément II, nous l'y ramènerons par une projection orthogonale et nous mesurerons l'angle $\delta\varepsilon$ que fait cette projection avec la position initiale (α) du vecteur. Nous appellerons *courbure de l'espace $\mathfrak{R}$ suivant l'orientation* II le rapport $\dfrac{\delta\varepsilon}{\delta S}$ (ou plus exactement sa limite quand le contour (C) se réduit à un point).

Indiquons rapidement le calcul de cette courbure; le vecteur $(\alpha) + (\delta\alpha)$ étant très voisin du vecteur (α), sa projection sur l'élément II en sera également très voisine et nous pourrons l'écrire sous la forme

$$(\alpha) + \lambda(\alpha) + \mu(\alpha'),$$

les coefficients numériques λ et μ étant très petits et tels que le vecteur différence

$$(\alpha) + (\delta\alpha) - [(\alpha) + \lambda(\alpha) + \mu(\alpha')]$$

soit orthogonal à cet élément, c'est-à-dire aux deux vecteurs (α) et (α') qui le déterminent.

([1]) La présente démonstration de la formule (11) est due à M. Pérès [*Le parallélisme de M. Levi-Civita et la courbure riemannienne* (Rendiconti della R. Accademia dei Lincei, vol. XXVIII, 1919; p. 425)]. La plupart des auteurs donnent généralement une démonstration où le contour (γ) est un parallélogramme; il y a cependant lieu de signaler une autre démonstration générale de M. P. Dienes [*Sur l'intégration des équations du déplacement parallèle de M. Levi-Civita* (Rendiconti di Palermo, t. XLVII, 1923)].

En explicitant ces conditions, on trouve pour λ et μ les deux équations

$$(13) \qquad \begin{cases} \lambda + \mu \cos V = o, \\ \lambda \cos V + \mu = \dfrac{\delta S}{4 A}\, R_{hris}\, \sigma^{hr}\, \sigma^{is} \end{cases}$$

(V désignant comme plus haut l'angle des vecteurs (α) et (α'), supposés de longueur 1).

D'autre part, un calcul direct ou bien des considérations géométriques simples (^{1}) donne facilement, en se bornant aux parties principales,

$$\delta \varepsilon = \mu \sin V.$$

En tirant la valeur de μ des équations (13), on obtient pour la courbure riemannienne suivant l'orientation Π

$$\frac{\delta \varepsilon}{\delta S} = \frac{R_{hris}\, \sigma^{hr}\, \sigma^{is}}{2\, g_{hi}\, g_{rs}\, \sigma^{hr}\, \sigma^{is}}.$$

D'après la symétrie droite ou gauche des composantes g_{ik} et σ^{ik}, cette courbure peut encore s'écrire sous la forme

$$(14) \qquad \frac{\delta \varepsilon}{\delta S} = \frac{R_{hris}\, \sigma^{hr}\, \sigma^{is}}{(g_{hi}\, g_{rs} - g_{hs}\, g_{ri})\, \sigma^{hr}\, \sigma^{is}},$$

et l'on vérifie immédiatement qu'on peut limiter les sommations aux valeurs des indices telles que l'on ait

$$h < r \qquad \text{et} \qquad i < s.$$

Dans le cas d'une surface, la définition générale que nous venons de donner se confond évidemment avec celle que nous avons étudiée plus haut, et l'on trouve alors pour la courbure totale la valeur

$$\frac{R_{1212}}{g_{11}\, g_{22} - [g_{12}]^2},$$

ce qui s'exprime bien en fonction des seuls coefficients $E = g_{11}$, $F = g_{12}$, $G = g_{22}$ du ds^2 de la surface (^{2}).

(^{1}) Il suffit d'écrire la relation des sinus dans le triangle déterminé par le point P et les extrémités des deux vecteurs (α) et $(\alpha) + \lambda\, (\alpha) + \mu\, (\alpha')$.

(^{2}) En particulier, si la surface est rapportée à ses lignes de longueur nulle $(E = G = o)$, on trouve immédiatement l'expression bien connue de la courbure totale sous la forme

$$- \frac{1}{F}\, \frac{\partial^2 \log F}{\partial u\, \partial v}.$$

101. Coordonnées normales de Riemann. — Nous venons de voir le rôle essentiel joué par le tenseur de Riemann-Christoffel dans la définition générale de la courbure. Ce tenseur caractérise ainsi la façon précise dont l'espace $\mathcal{R}$ s'écarte de la variété linéaire tangente en l'un de ses points. Ce fait peut encore être mis en évidence, sous une forme également frappante, par l'emploi d'un système de coordonnées particulier, dû à Riemann, et dont on peut dire qu'il est celui qui se rapproche le plus, au voisinage d'un point donné, d'un système cartésien.

Considérons un point P_0 de l'espace $\mathcal{R}$, de coordonnées x'_0, dans un système quelconque, et un vecteur (ξ), de longueur égale à 1, tangent en P_0 à $\mathcal{R}$ et de composantes contrevariantes ξ^i. Il existe une géodésique issue de P_0 et tangente à (ξ) et la direction de ce vecteur permet aussi d'orienter cette courbe. Soient alors P un point de cette géodésique et s la mesure algébrique de l'arc $P_0 P$; nous appellerons *coordonnées riemanniennes normales* du point P les quantités

$$\overline{x^i} = s\,\xi^i.$$

La donnée numérique des n composantes ξ^i (reliées naturellement par l'équation $g_{ik}\,\xi^i \xi^k = 1$) définit ainsi une telle géodésique issue de P_0 et le long de cette courbe on aura

$$\frac{d\overline{x^i}}{ds} = \xi^i, \qquad \frac{d^2\overline{x^i}}{ds^2} = 0, \qquad \frac{d^3\overline{x^i}}{ds^3} = 0, \qquad \dots$$

Si nous écrivons maintenant que les deux premières de ces dérivées vérifient les équations différentielles générales des géodésiques, nous obtenons les relations

$$(15) \qquad \overline{\left\{ {r \atop i\ l} \right\}}\,\xi^i \xi^l = 0.$$

Ces relations sont identiquement satisfaites tout le long de la géodésique considérée; en particulier. elles le sont au point P_0 et comme nous aurons en ce point des équations analogues pour toutes les géodésiques qui en partent. on conclut immédiatement que l'on aura

$$\left\{ {r \atop i\ l} \right\}_0 = 0.$$

La nullité en P_0 des symboles de deuxième espèce entraîne évidemment la nullité des symboles de première espèce et par suite celle des dérivées partielles premières des coefficients $\overline{g}_{ik}$.

Le système riemannien est donc un système géodésique au sens du n° 54. Ce n'est du reste pas un système géodésique quelconque; il existe en effet entre les valeurs au point P_0 des dérivées d'ordre supérieur des $\overline{g}_{ik}$ des relations qui n'existeraient pas pour un système géodésique quelconque et que nous allons du reste établir pour les dérivées secondes.

Puisque les équations (15) sont identiquement satisfaites tout le long de la géodésique $P_0 P$, nous obtiendrons de nouvelles identités en en prenant les dérivées par rapport à s, ce qui donne

$$\frac{\partial \overline{\left\{{r \atop i}\ l\right\}}}{\partial x^l}\,\xi^r \xi^i \xi^l = 0.$$

Ces identités ont lieu en particulier au point P_0 et cela du reste pour toutes les géodésiques partant de ce point, c'est-à-dire quels que soient les ξ^i, ce qui entraîne immédiatement les conditions

$$\left[\frac{\partial \overline{\left\{{r \atop i}\ l\right\}}}{\partial x^l}\right]_{(0)} + \left[\frac{\partial \overline{\left\{{l \atop i}\ l\right\}}}{\partial x^r}\right]_{(0)} + \left[\frac{\partial \overline{\left\{{l \atop i}\ r\right\}}}{\partial x^l}\right]_{(0)} = 0.$$

En les multipliant par $(\overline{g}_{ik})_{(0)}$ et en tenant compte du fait qu'au point P_0 les dérivées des $\overline{g}_{ik}$ sont nulles, ces relations s'écrivent encore

$$\left[\frac{\partial \overline{\left[{r\ l \atop k}\right]}}{\partial x^l}\right]_{(0)} - \left[\frac{\partial \overline{\left[{l\ l \atop k}\right]}}{\partial x^r}\right]_{(0)} + \left[\frac{\partial \overline{\left[{l\ r \atop k}\right]}}{\partial x^l}\right]_{(0)} = 0.$$

Explicitons-les et posons pour abréger l'écriture

$$(16) \qquad a_{iklm} = \left(\frac{\partial^2 \overline{g}_{ik}}{\partial x^l\,\partial x^m}\right)_{(0)},$$

elles deviendront

$$(17) \qquad 2[a_{krll} + a_{kllr} + a_{klrl}] = a_{rllk} + a_{llrk} + a_{lrlk},$$

en tenant compte des conditions évidentes de symétrie

$$(18) \qquad a_{iklm} = a_{ikml} = a_{kilm}.$$

Telles sont les conditions existant entre les dérivées secondes des $\overline{g}_{ik}$ au point P_0. On peut du reste les transformer et en tirer une condition de symétrie remarquable.

Écrivons l'identité (17) sous la forme

$$2A = B,$$

permutons-y les indices k et r et ajoutons les deux égalités ainsi obtenues membre à membre, le résultat s'écrit facilement sous la forme

$$A + B = 3[a_{llkr} - a_{krll}].$$

Or le premier membre $A - B$ ne change pas si l'on y permute simultanément les indices t et r et les indices l et k, il s'ensuit qu'on doit avoir

$$a_{llkr} = a_{krll},$$

et par suite aussi séparément

(19) $$A - B = 0.$$

c'est-à-dire

$$a_{krll} - a_{llkr} + a_{klrl} = 0.$$

Ceci posé, si nous développons les coefficients $\overline{g}_{ik}$ au voisinage du point P_0 par la formule de Taylor, en ne gardant que les termes d'ordre au plus égal à deux par rapport aux coordonnées du point P, le ds^2 de l'espace $\mathcal{R}$ en ce point prendra la forme

$$ds^2 = \left[\overline{g}_{ik}\right]_{0)} d\overline{x}^i d\overline{x}^k - \frac{1}{2} a_{ikrl}\overline{x}^r \overline{x}^l\, d\overline{x}^i d\overline{x}^k.$$

Nous poserons

$$\Delta\tau^2 = -\frac{3}{2} a_{ikrl}\overline{x}^r \overline{x}^l\, d\overline{x}^i d\overline{x}^k,$$

et cette forme quadratique caractérisera, à des infiniment petits du troisième ordre près par rapport à la distance $P_0 P$, l'écart entre la métrique de l'espace $\mathcal{R}$ et celle de l'espace euclidien qui lui est tangent en P_0. $\Delta\tau^2$ s'appelle la forme de courbure et il est facile de transformer son expression en y faisant intervenir les valeurs au point P_0 des composantes du tenseur de Riemann-Christoffel.

En effet, les relations que nous avons établies entre les coefficients a_{iklm} nous permettent d'écrire

$$-\frac{3}{2} a_{ikrl} = -\frac{1}{2}\left[a_{ikrl} + a_{rlik} - a_{irlk} - a_{lirk}\right]$$

ou encore

$$-\frac{3}{2}\,a_{ikrt} = -\left\lfloor R_{tikr}\right\rfloor_{(0)} + \frac{1}{2}\,(a_{tikr} - a_{tkir})$$

[voir form. (26″), Chap. II, en tenant compte naturellement du fait que les symboles de Christoffel sont nuls au point P_0].

En portant ces valeurs dans la forme quadratique $\Delta\sigma^2$ et en remarquant que les coefficients provenant de la parenthèse du second membre de la dernière formule se détruiront deux à deux dans les sommations, on obtient

$$\Delta\sigma^2 = -\left\lfloor R_{tikr}\right\rfloor_{(0)} \overline{x^r}\,\overline{x^t}\,\overline{dx^i}\,\overline{dx^k}.$$

En permutant les indices muets t et i, en remplaçant $\Delta\sigma^2$ par la demi-somme des deux valeurs ainsi trouvées et en répétant cette opération sur les indices muets r et k, on trouve enfin

$$\Delta\sigma^2 = \frac{1}{4}\left\lfloor R_{tikr}\right\rfloor_{(0)} (\overline{x^t}\,\overline{dx^i} - \overline{x^i}\,\overline{dx^t})(\overline{x^k}\,\overline{dx^r} - \overline{x^r}\,\overline{dx^k}).$$

Les quantités $\overline{x^i}$ sont en réalité les différences des coordonnées des points P et P_0 (puisque les coordonnées de ce dernier point ont été supposées nulles); si nous les appelons désormais $\overline{\delta x^i}$, nous avons

$$(26)\qquad \Delta\sigma^2 = \frac{1}{4}\left\lfloor R_{tikr}\right\rfloor_{(0)} (\overline{\delta x^t}\,\overline{dx^i} - \overline{\delta x^i}\,\overline{dx^t})(\overline{\delta x^k}\,\overline{dx^r} - \overline{\delta x^r}\,\overline{dx^k}),$$

et $\Delta\sigma^2$ apparaît donc comme une forme quadratique des composantes $\overline{\delta x^t}\,\overline{dx^i} - \overline{\delta x^i}\,\overline{dx^t}$ du tenseur symétrique gauche représentant l'élément de surface défini par les deux déplacements de composantes dx^i et $\overline{\delta x^i}$.

La courbure au point P_0 suivant l'orientation de cet élément est alors le quotient de la forme de courbure par l'aire de l'élément en question.

IV. — ESPACES RIEMANNIENS A COURBURE CONSTANTE.

Un cas particulier intéressant de l'espace riemannien est celui où l'on a en chaque point de l'espace

$$R_{hris} = \alpha(g_{hi}g_{rs} - g_{hs}g_{ri}),$$

α étant une constante numérique, positive ou négative. La courbure de l'espace est alors indépendante à la fois du point où on la considère et de l'orientation suivant laquelle on la mesure (¹).

Sans vouloir étudier à fond cette question des espaces riemanniens à courbure constante, nous allons en indiquer sommairement deux exemples simples.

102. Espace sphérique et espace elliptique.

— Prenons comme espace $\mathcal{E}$ un espace euclidien à $n+1$ dimensions, rapporté à des coordonnées cartésiennes normales y^i, et comme espace $\mathcal{R}$ contenu dans le précédent la multiplicité d'équation

$$(y^1)^2 + (y^2)^2 + \ldots + (y^{n+1})^2 = a^2,$$

qui est une extension toute naturelle de la notion de sphère.

(¹) Schur a montré que la seconde de ces conditions entraînait l'autre, c'est-à-dire que si la courbure était en tout point de l'espace indépendante de l'orientation, elle avait nécessairement la même valeur numérique en tous les points.

La démonstration en est du reste très simple. Si la courbure est indépendante de l'orientation, on a en effet

$$R_{hris} = \alpha(g_{hi}g_{rs} - g_{hs}g_{ri}),$$

α étant une fonction des coordonnées du point considéré.

On aura donc

$$R^h_{,ris} = \alpha(g^h_i g_{rs} - g^h_s g_{ri});$$

d'où par conséquent

$$R_{ri} = R^h_{,rih} = -(n-1)\alpha g_{ri}$$

ou encore

$$R^r_i = -(n-1)\alpha g^r_i,$$

puis par une nouvelle contraction

$$R = -n(n-1)\alpha.$$

De ces formules nous tirons immédiatement

$$R^r_i - \frac{1}{2}g^r_i R = \frac{1}{2}(n-1)(n-2)\alpha g^r_i.$$

Or, nous avons démontré dans un Chapitre antérieur [form. (37), Chap. II] l'identité

$$\Delta_r\left[R^r_i - \frac{1}{2}g^r_i R\right] = 0$$

qui entraîne immédiatement ici comme conséquence (les cas de $n=1$ et $n=2$ étant évidemment hors de cause)

$$\frac{\partial\alpha}{\partial x^i} = 0.$$

La fonction α ayant en tout point toutes ses dérivées partielles premières nulles est donc une constante.

Pour trouver un système de coordonnées curvilignes dans l'espace $\mathcal{E}$, il nous suffira de projeter à partir d'un point fixe les points de la sphère sur un plan fixe et de prendre comme paramètres les coordonnées dans ce plan du point projection.

1° Nous choisirons d'abord comme point de vue le point A de coordonnées

$$y^1 = y^2 = \ldots = y^n = 0, \qquad y^{n+1} = -a,$$

et comme plan de projection, le plan d'équation

$$y^{n+1} = +a.$$

Ceci posé, la droite AM, joignant le point A à un point quelconque M (de coordonnées y^i) de la sphère, coupera le plan en un point M' dont les coordonnées seront

$$x^1, \quad x^2, \quad \ldots, \quad x^n, \quad +a.$$

Les n premières de ces quantités serviront de paramètres au point M et un calcul tout élémentaire nous donnera

$$y^i = \frac{4\,a^2.x^i}{4\,a^2 + r^2} \qquad (i = 1, 2, \ldots, n)$$

et

$$y^{n+1} = \frac{4\,a^3 - r^2\,a}{4\,a^2 + r^2},$$

en posant

$$r^2 = \sum_{i=1}^{i=n} (x^i)^2.$$

On obtient alors d'après ces formules le ds^2 de l'espace considéré sous la forme

$$(21) \qquad ds^2 = \frac{\displaystyle\sum_{i=1}^{i=n} (d.x^i)^2}{\left(1 + \dfrac{r^2}{4\,a^2}\right)^2}.$$

2° Prenons au contraire pour point de vue l'origine O des coordonnées et le même plan comme plan de projection; des calculs également simples nous conduiront à l'élément linéaire sous la forme

$$(22) \qquad ds^2 = \frac{a^2 \displaystyle\sum_{i=1}^{i=n} (d.x^i)^2}{a^2 + r^2} - \frac{a^2 \left(\displaystyle\sum_{i=1}^{i=n} x^i\,d.x^i\right)^2}{(a^2 + r^2)^2}.$$

Bien qu'issus de la même représentation géométrique dans l'espace $\mathcal{E}$, ces ds^2 caractérisent des espaces de Riemann aux propriétés différentes. Dans le premier mode de projection, au *point* de l'espace de Riemann de coordonnées x^i correspond un et un seul point M de la sphère. L'espace riemannien est alors dit *sphérique*.

Dans le deuxième mode au contraire, au point M' correspondent *deux* points M_1 et M_2 de la sphère, diamétralement opposés: autrement dit, dans ce cas, l'espace $\mathcal{R}$ n'est pas homéomorphe à la sphère S elle-même, mais bien à cette sphère dans laquelle on regarderait comme non distincts des points diamétralement opposés. On peut encore dire que l'espace $\mathcal{R}$ est homéomorphe à la variété formée de l'ensemble des droites (non orientées) issues du point O dans l'espace $\mathcal{E}$ [1]. L'espace correspondant est alors dit *elliptique*.

---

[1] En particulier, si l'espace $\mathcal{R}$ était à deux dimensions, le ds^2 sphérique serait celui d'une sphère, au sens ordinaire du mot, c'est-à-dire d'une variété *bilatère*; au contraire, le ds^2 elliptique serait celui d'une variété unilatère. Nous aurons l'occasion de revenir sur ce sujet dans un Chapitre complémentaire.

CHAPITRE VI.

LES GÉOMÉTRIES DE WEYL ET D'EDDINGTON.
LES TRAVAUX DE M. CARTAN.

I. — LA GÉOMÉTRIE DE WEYL [1].

103. Le continu amorphe. — Dans l'étude que nous venons de faire, d'après M. Levi-Civita, de la géométrie riemannienne, nous avons introduit dès le début la forme quadratique fondamentale définissant la *distance* de deux points voisins, d'abord dans l'espace $\mathcal{E}$, puis dans l'espace $\mathcal{R}$. Or, il existe certaines propriétés de la multiplicité qu'on peut étudier avant l'introduction de la forme métrique.

Reprenons une multiplicité quelconque à n dimensions (c'est-à-dire un ensemble de *points* définis simplement par un groupe de valeurs de n variables x^i). Soit M un de ses points, de coordonnées x^i, donnons aux variables des valeurs $x^i + dx^i$ voisines des précédentes, nous dirons par définition que le nouveau point M' ainsi défini est *voisin* du premier. L'ensemble des deux points M et M', énoncé dans cet ordre, définira un *élément linéaire en* M ou encore un *vecteur infinitésimal d'origine* M, vecteur que nous représenterons par la notation (MM'). Un tel vecteur sera entièrement déterminé par la donnée des coordonnées de son *origine* M et par ses *composantes* dx^i. Dans un changement de variables $(x^i, \bar{x}^i)$, les composantes du vecteur se transformeront par les formules linéaires et homogènes

$$d\bar{x}^i = \bar{x}^i_{r} \, dx^r,$$

formules dans lesquelles nous négligeons naturellement les infiniment petits d'ordre supérieur au premier par rapport aux composantes du vecteur.

Les composantes d'un vecteur infinitésimal d'origine M forment donc un système du premier ordre contrevariant.

Si nous considérons un autre point M″ dont les coordonnées soient $x^i + \lambda\,dx^i$ (λ étant un nombre relatif quelconque), les points M et M″ définiront un nouveau vecteur et nous poserons par convention

$$(1) \qquad (MM'') = \lambda\,(MM').$$

Si nous considérons enfin deux vecteurs (MM_1) et (MM_2), issus de M et de composantes respectives dx^i et δx^i, le vecteur (MM_3) de composantes $dx^i + \delta x^i$ sera dit la somme des deux premiers et nous poserons par convention

$$(2) \qquad (MM_3) = (MM_1) + (MM_2).$$

Il est évident que ces définitions, posées dans un certain système de coordonnées, subsistent dans tout autre système.

Si nous substituons aux quantités infiniment petites dx^i des quantités *finies* ξ^i qui leur soient proportionnelles, nous dirons que ces dernières sont les composantes d'un *vecteur fini tangent en* M *à la multiplicité* et nous pourrons évidemment appliquer à de tels vecteurs les procédés opératoires que nous venons de définir pour les vecteurs infinitésimaux.

Grâce à ces définitions, l'ensemble des nombres déterminant en un point de la multiplicité les composantes des vecteurs tangents issus de ce point jouissent exactement des mêmes propriétés que l'ensemble des composantes des vecteurs (au sens ordinaire du mot) issus d'un point dans un espace euclidien. Ces propriétés, parmi lesquelles n'a pas encore pris place la notion de grandeur du vecteur, constituent la *géométrie affine* ou encore la *géométrie linéaire*. Dans une telle géométrie on peut bien parler du rapport des longueurs de deux vecteurs ayant le même support, mais pas encore de la longueur d'un vecteur pris isolément ni du rapport des longueurs de deux vecteurs de directions différentes.

A chaque point de la multiplicité se trouve ainsi attachée une multiplicité affine de vecteurs tangents, mais rien ne relie les multiplicités attachées à des points différents. Suivant le terme de M. Weyl, on en est au stade du *continu amorphe* (*bares konti-nuum*).

104. Notion de connexion affine. — Considérons maintenant deux points voisins P et P' de la multiplicité, de coordonnées respectives x^i et $x^i + dx^i$; nous nous proposons d'établir une correspondance entre les multiplicités affines tangentes qui leur sont attachées. La condition essentielle que nous imposerons à cette correspondance sera de respecter les lois établies au paragraphe précédent; autrement dit, si nous avons en P des vecteurs reliés par l'une des équations vectorielles (1) ou (2), les vecteurs correspondant en P' devront être reliés par des équations analogues. Il est évident qu'on réalise le type le plus général d'une telle correspondance par une homographie dans laquelle les origines P et P' se correspondent et qui conserve les éléments à l'infini.

Nous regarderons alors deux vecteurs correspondants comme représentant le *même vecteur déplacé parallèlement d'un point à l'autre* ([1]) et nous emploierons (tout au moins au début et pour éviter toute équivoque) les notations suivantes : nous appellerons $\xi^i(\mathrm{P})$ les composantes du premier vecteur et $\xi^i(\mathrm{P}\,|\,\mathrm{P}')$ celles du second, de façon à bien mettre en évidence la provenance commune des deux vecteurs et les conditions du déplacement.

La correspondance affine en question se traduira alors par des équations qu'on pourra toujours écrire sous la forme

$$(3) \qquad \xi^i(\mathrm{P}\,|\,\mathrm{P}') = \xi^i(\mathrm{P}) - G^i_r(\mathrm{P},\,\mathrm{P}')\,\xi^r(\mathrm{P}).$$

Les fonctions $G^i_r(\mathrm{P},\,\mathrm{P}')$ des deux points P et P' seront soumises en plus aux deux conditions suivantes :

1° *Condition de continuité*. — Si nous supposons que le point P' se confonde avec le point P, les deux vecteurs correspondants devront également se confondre; cette hypothèse se traduit évidemment par l'identité

$$(4) \qquad G^i_r(\mathrm{P},\,\mathrm{P}) = 0.$$

([1]) Il est à peine utile de faire remarquer que cette définition n'est rien d'autre qu'une simple convention de langage.

Si nous développons les fonctions G^i_r au voisinage du point P,
nous pourrons alors écrire

$$(5) \qquad G^i_r(P, P') = \Gamma^i_{rs}(P) \, dx^s + \ldots,$$

et les relations (3) prendront la forme

$$(6) \qquad \xi^i(P \ P') = \xi^i(P) - \Gamma^i_{rs}(P) \, \xi^r(P) \, dx^s,$$

en négligeant toujours les infiniment petits d'ordre supérieur au
premier.

2° *Condition de commutativité*. — Appliquons en particulier
l'opération du déplacement parallèle à un vecteur infinitésimal
(PQ) de composantes δx^i; ce vecteur, déplacé parallèlement de P
en P', y prendra les composantes

$$\delta x^i - \Gamma^i_{rs} \, \delta x^r \, dx^s,$$

et son extrémité Q', qu'on peut considérer (toujours au même ordre
d'approximation) comme faisant partie de la multiplicité aura pour
coordonnées

$$x^i - dx^i + \delta x^i - \Gamma^i_{rs} \, \delta x^r \, dx^s.$$

Au contraire, déplaçons parallèlement de P en Q le vecteur PP'
de composantes dx^i, les coordonnées de l'extrémité Q'_1 du vecteur
(QQ'_1) ainsi obtenu seront de même

$$x^i + \delta x^i + dx^i - \Gamma^i_{rs} \, dx^r \, \delta x^s.$$

Nous ferons l'hypothèse supplémentaire que les points Q' et Q'_1
doivent coïncider (c'est-à-dire que la figure PP'Q'Q est un petit
parallélogramme). Ceci devant avoir lieu quels que soient les
déplacements dx^i et δx^i, cette condition se traduit par les relations

$$(7) \qquad \Gamma^i_{rs} = \Gamma^i_{sr} \qquad (^1).$$

Les fonctions Γ^i_{rs} porteront le nom de *composantes de la
connexion affine*; sous la seule restriction de symétrie que nous
venons de leur imposer, elles peuvent être prises arbitrairement
dans un système déterminé de coordonnées.

Il est du reste facile d'établir les formules suivant lesquelles ces

----

(¹) Nous reviendrons plus loin, à propos des travaux de M. Cartan, sur cette
condition de commutativité.

coefficients Γ^i_{rs} se transformeront dans un changement de coordonnées.

Dans le passage d'un système de coordonnées x^i à un autre $\bar x^i$, on aura en effet

$$\bar\xi^i(P) = \underline{x}^i_k(P)\,\xi^k(P)$$

et

$$\bar\xi^i(P\,|\,P') = \underline{x}^i_k(P')\,\bar\xi^k(P\,|\,P') = \left[\underline{x}^i_k(P) + \underline{x}^i_{kl}(P)\,d\bar x^l + \ldots\right]\bar\xi^k(P\,|\,P').$$

En portant ces expressions dans les relations (6) celles-ci deviennent

$$\underline{x}^i_k(P)\,\bar\xi^k(P\,|\,P') - x^i_{kl}\,\bar\xi^k(P\,|\,P')\,d\bar x^l$$
$$= \underline{x}^i_k(P)\,\bar\xi^k(P) - \Gamma^i_{rs}(P)\,\underline{x}^r_k(P)\,\underline{x}^s_l(P)\,\bar\xi^k(P)\,d\bar x^l.$$

Multiplions maintenant les deux membres de cette équation par $\bar x^h_i$ (avec sommation par rapport à i devenu indice muet), nous obtiendrons, dans les mêmes conditions d'approximation,

$$\bar\xi^h(P\,|\,P') = \bar\xi^h(P) - \left[\Gamma^i_{rs}\,\underline{x}^r_k\,\underline{x}^s_l\bar x + \underline{x}^i_{kl}\,\bar x^h_i\right]\bar\xi^k(P)\,d\bar x^l \quad (^1).$$

Nous sommes donc conduits à poser

$$(8) \qquad \bar\Gamma^h_{kl} = \Gamma^i_{rs}\,x^r_k\,x^s_l\,\bar x^h_i + \underline{x}^i_{kl}\,\bar r^h_i,$$

ce qui donne les formules de transformation cherchées.

Les fonctions Γ^i_{rs} ne sont par conséquent pas des composantes de tenseurs; elles n'en présentent le caractère que vis-à-vis de changements de variables linéaires; elles jouent le rôle, dans la théorie que nous étudions, des symboles de Christoffel de deuxième espèce $\left\{{r \atop i}{s}\right\}$ et leur loi de transformation exprimée par les formules (8) correspond aux formules de Christoffel telles que nous les avons rencontrées dans le Chapitre II.

Si nous voulons maintenant déplacer un vecteur parallèlement d'un point P à un autre point P' non infiniment voisin le long d'un chemin déterminé, nous nous servirons, comme dans la méthode de M. Levi-Civita, d'un processus d'intégration basé sur l'emploi des formules (6) $(^2)$.

$(^1)$ Les fonctions écrites dans le crochet du second membre ont toutes leur valeur prise au point P.

$(^2)$ Nous savons alors que le fait d'avoir négligé dans les calculs les infiniment petits du second ordre se trouve régularisé par les intégrations.

Nous pourrons alors répéter ce que nous avons dit dans le Chapitre précédent : en général, si les $\Gamma^i_{.rs}$ sont quelconques, le résultat du déplacement parallèle de P en P′ dépendra essentiellement du chemin intermédiaire, et en particulier si le point P revient à sa position de départ après avoir décrit un contour fermé, le vecteur ne reprendra pas sa position primitive.

Dans le cas où le contour C décrit est très petit, en répétant les raisonnements et les calculs de M. Pérès exposés dans le Chapitre précédent, nous obtiendrons les variations des coordonnées du vecteur sous la forme

$$(9) \qquad \delta\xi^k = -\frac{1}{4} F^k_{.ris}\, \xi^r \int_C x^i\, dx^s - x^s\, dx^i,$$

en introduisant le tenseur du quatrième ordre

$$(10) \qquad F^k_{.ris} = \frac{\partial \Gamma^k_{.rs}}{\partial x^i} + \Gamma^g_{.rs}\,\Gamma^k_{.gi} - \frac{\partial \Gamma^k_{.ri}}{\partial x^s} - \Gamma^g_{.ri}\,\Gamma^k_{.gs},$$

analogue au tenseur de Riemann-Christoffel et satisfaisant comme lui aux conditions de symétrie

$$(11) \qquad \begin{cases} F^k_{.ris} = -F^k_{.rsi}, \\ F^k_{.ris} + F^k_{.isr} + F^k_{.sri} = 0. \end{cases}$$

Comme précédemment également, la nullité de ce tenseur en chaque point de la multiplicité exprimera les conditions nécessaires et suffisantes pour que le déplacement parallèle d'un vecteur soit indépendant du chemin parcouru par son origine.

Nous pourrons de même, à l'aide des coefficients $\Gamma^i_{.rs}$, définir un processus de dérivation tensorielle, établir les équations différentielles des *lignes géodésiques* (caractérisées par la progression par déplacement parallèle de leur tangente) et enfin bâtir, en suivant toujours les calculs déjà faits, une théorie de la courbure.

Nous serons ainsi arrivés au stade de la *multiplicité à connexion affine*.

105. Détermination métrique et connexion métrique. — Introduisons maintenant en chaque point de la multiplicité une forme quadratique $g_{ik}\, dx^i\, dx^k$ (invariante par définition par rapport à tout changement de coordonnées) dont les coefficients g_{ik} (qu'on peut toujours supposer symétriques en i et k) seront des fonctions continues des coordonnées du point considéré. Cette forme, que nous appellerons la *forme métrique brute*, nous servira, non pas comme c'était le cas dans les Chapitres antérieurs, à définir la longueur d'un vecteur, mais simplement à définir *l'égalité des longueurs de deux vecteurs attachés au même point*.

Nous dirons alors, avec M. Weyl, que la multiplicité porte en chaque point une *détermination métrique*.

Ceci posé, nous pourrons convenir d'appeler *longueur* du vecteur de composantes ξ^i le nombre l défini par l'équation

$$(12) \qquad l^2 = \mathrm{E} g_{ik} \xi^i \xi^k,$$

E étant un facteur arbitraire (*facteur d'étalonnage*), pouvant varier d'un point à un autre. Si nous fixons la valeur que nous attribuons à ce facteur en chaque point, nous dirons que la multiplicité est *étalonnée*.

Ce choix étant fait, nous pourrons poser

$$(13) \qquad \mathrm{E} g_{ik} = \overset{*}{g}_{ik},$$

et la forme quadratique $\overset{*}{g}_{ik} dx^i dx^k$ sera dite la *forme métrique étalonnée*.

L'introduction de cette dernière forme nous permet maintenant de faire de la géométrie métrique sur les vecteurs tangents à la multiplicité en chacun de ses points ([1]), mais elle ne nous permet pas encore de comparer les longueurs de deux vecteurs d'origines différentes ([2]).

Nous allons maintenant établir, sous le nom de *connexion métrique*, une correspondance entre les vecteurs attachés à des points différents, correspondance entièrement analogue à la connexion affine mais portant seulement sur les longueurs des vecteurs indépendamment de leur orientation.

([1]) Il est à remarquer que l'introduction de la forme métrique brute seule permettrait les définitions angulaires en chaque point, comme nous les avons établies au Chapitre V. Ces définitions ne dépendent en effet que des rapports mutuels des coefficients g_{ik}. La géométrie dans laquelle on n'aurait pas encore introduit la forme métrique étalonnée serait donc la *géométrie conforme*.

([2]) Nous ne pouvons en effet pas prendre comme criterium de l'égalité des longueurs l'égalité des valeurs de l puisque celle-ci ne subsisterait pas avec un autre choix du facteur d'étalonnage E.

Nous déterminerons cette correspondance par les conditions suivantes :

a. Si un des vecteurs a une longueur nulle, le vecteur correspondant attaché à l'autre point devra aussi avoir une longueur nulle ;

b. Si un vecteur a une longueur égale à la somme des longueurs de deux autres (attachés au même point), la même relation devra exister entre les longueurs des vecteurs correspondants.

Il est évident qu'on réalise le type le plus général d'une telle correspondance en assujettissant les longueurs des vecteurs homologues à être proportionnelles.

Nous commencerons par considérer deux points voisins P et P′ de la multiplicité, de coordonnées respectives x^i et $x^i + dx^i$, et nous regarderons deux vecteurs correspondants comme provenant du même vecteur, *déplacé par congruence* d'un point à l'autre [1].

Nous emploierons les mêmes notations que pour la connexion affine et nous pourrons toujours écrire la correspondance sous la forme

$$(14) \qquad l(\mathrm{P}, \mathrm{P}') = l(\mathrm{P})\left[1 - \frac{1}{2} \Phi(\mathrm{P}, \mathrm{P}') \right].$$

Nous soumettrons la fonction $\Phi(\mathrm{P}, \mathrm{P}')$ des deux points P et P′ à la même condition de continuité que précédemment, condition qui se traduira par l'identité

$$(15) \qquad \Phi(\mathrm{P}, \mathrm{P}) \equiv 0.$$

Nous pourrons développer la fonction Φ au voisinage du point P

$$(16) \qquad \Phi(\mathrm{P}, \mathrm{P}') = \varphi_i(\mathrm{P})\, dx^i + \ldots,$$

et la relation de connexion métrique, limitée aux termes du premier ordre, deviendra

$$(17) \qquad l(\mathrm{P}, \mathrm{P}') = l(\mathrm{P})\left[1 - \frac{1}{2} \varphi_i(\mathrm{P})\, dx^i \right] \quad [2].$$

---

[1] Ici encore il s'agit évidemment d'une simple convention de langage.

[2] M. Weyl adopte comme définition de la longueur du vecteur la valeur de la forme quadratique $g_{ik}\,\xi^i\xi^k$ elle-même et non sa racine carrée, comme nous le faisons ici. J'ai jugé préférable de m'en tenir aux notations usuelles de la géométrie

Les fonctions φ_i sont les *composantes de la connexion métrique*. Elles peuvent être prises arbitrairement dans un système de coordonnées et dans un étalonnage déterminés [1].

Si l'on change le système de coordonnées seul, la relation précédente montre que la forme linéaire de différentielles $\varphi_i dx^i$ reste invariante, et par suite que les φ_i forment un système covariant du premier ordre.

Si l'on change au contraire l'étalonnage seul, en remplaçant le multiplicateur E par un autre

$$(18) \qquad \tilde{E} = \lambda E,$$

la relation de connexion métrique prendra la forme

$$\tilde{l}^2(P \mid P') = \tilde{l}^2(P)\left[1 - \tilde{\varphi}_i(P)\, dx^i \right],$$

$\tilde{l}(P \mid P')$ et $\tilde{l}(P)$ désignant les nouvelles mesures des longueurs des vecteurs et $\tilde{\varphi}_i$ les nouvelles composantes de la connexion.

Mais, d'autre part, on aura

$$\tilde{l}^2(P) = \tilde{E}\, g_{ik}\, \xi^i \xi^k = \lambda\, l^2(P)$$

et

$$\tilde{l}^2(P \mid P') = \lambda(P')\, l^2(P') = \left[\lambda + \frac{\partial \lambda}{\partial x^i}\, dx^i + \ldots \right] l^2(P'),$$

d'où, en portant ces expressions dans la relation précédente et en comparant avec l'équation (17),

$$(19) \qquad \tilde{\varphi}_i = \varphi_i - \frac{1}{\lambda}\, \frac{\partial \lambda}{\partial x^i}\cdot$$

106. La courbure segmentaire. — Enfin, par un processus d'intégration, nous définirons le déplacement par congruence d'un

----

classique. Les calculs en sont du reste très peu affectés; on aura en effet, toujours au même ordre près,

$$l^2(P \mid P') = l^2(P)\left[1 - \varphi_i(P)\, dx^i \right].$$

C'est pour être d'accord avec les notations de M. Weyl que nous avons introduit un coefficient $\frac{1}{2}$ dans les formules précédentes.

[1] M. Weyl réunit ces deux notions de système de coordonnées et d'étalonnage sous le nom unique de *Bezugssystem* que M. Juvet traduit par système de référence.

vecteur d'un point quelconque à un autre point également quelconque le long d'un chemin déterminé.

En général, le résultat dépendra essentiellement du chemin intermédiaire et, en particulier, si le chemin est fermé, la longueur ne reprendra pas à l'arrivée la valeur qu'elle avait au départ.

Nous pourrons facilement, toujours en suivant les calculs de M. Pérès, étudier la variation de longueur du vecteur dans le cas où le contour C en question est très petit. Indiquons rapidement les calculs, en conservant les notations du n° 99.

Nous supposons d'abord le vecteur déplacé par congruence le long d'un petit arc $P_0 P_1$, la variation de sa longueur sera donnée par l'intégrale

$$\delta l = l_1 - l_0 = -\frac{1}{2} \int_{P_0 P_1} l \varphi_i \, dx^i.$$

Les quantités l et φ_i qui figurent sous le signe d'intégration sont relatives à un point courant quelconque P, de coordonnées x^i, du chemin d'intégration et l'on aura par suite (¹)

$$l = l_0 + \left(\frac{\partial l}{\partial x^k}\right)_0 x^k + H \varepsilon^2 = l_0 - \frac{1}{2} l_0 (\varphi_k)_0 x^k + H \varepsilon^2,$$

$$\varphi_i = (\varphi_i)_0 + \left(\frac{\partial \varphi_i}{\partial x^k}\right)_0 x^k + H' \varepsilon^2.$$

D'où

$$\delta l = -\frac{1}{2} l (\varphi_i)_0 \int_{P_0 P_1} dx^i - \frac{1}{2} l_0 \left[\frac{\partial \varphi_i}{\partial x^k} - \frac{1}{2} \varphi_i \varphi_k\right]_0 \int_{P_0 P_1} x^k \, dx^i + H'' \varepsilon^3,$$

ce qui peut encore s'écrire, en posant

$$(20) \qquad f_{ik} = \frac{\partial \varphi_i}{\partial x^k} - \frac{\partial \varphi_k}{\partial x^i},$$

en admettant que le contour est fermé et après suppression de l'indice zéro

$$(21) \qquad \delta l = \frac{1}{8} l . f_{ik} \int_C x^i \, dx^k - x^k \, dx^i$$

$$(\text{au troisième ordre près}),$$

et cette équation joue dans la connexion métrique un rôle analogue à celui de la relation (9) du n° 104.

___

(¹) On suppose que les coordonnées du point P_0 sont nulles et que les coordonnées du point P restent, le long de l'arc $P_0 P_1$, inférieures en valeur absolue à une quantité très petite ε.

Cette dernière formule (ainsi du reste que la précédente) nous montre que les quantités f_{ik} forment un système covariant du second ordre, symétrique gauche. M. Weyl les regarde comme les composantes du *tenseur de courbure segmentaire*, par analogie avec le tenseur F^h_{ris}, *tenseur de courbure vectorielle*.

L'équation (20) montre du reste immédiatement que les fonctions f_{ik} sont indépendantes de l'étalonnage.

En particulier, la nullité en chaque point du tenseur de courbure segmentaire donne les conditions nécessaires et suffisantes pour que la longueur du vecteur déplacé soit indépendante du chemin parcouru par son origine. Dans ce cas, les fonctions φ_i sont les dérivées partielles d'une fonction ψ et si l'on change d'étalonnage en donnant au rapport λ la valeur e^ψ, dans le nouvel étalonnage les fonctions $\widetilde{\varphi}_i$ sont nulles en tous les points de la multiplicité [d'après les formules (19)]. Cet étalonnage particulier est dit *normal* et l'on est alors dans le cas de l'espace riemannien tel que nous l'avons étudié dans le Chapitre précédent.

Ces considérations nous amènent (et du reste d'une façon complètement indépendante de la notion de connexion affine) au stade de la *multiplicité à connexion métrique*.

107. Fusion de la connexion affine et de la connexion métrique.

— Supposons que nous ayons maintenant une multiplicité douée à la fois d'une connexion affine et d'une connexion métrique. Nous admettrons, et cette hypothèse paraîtra naturelle, que *le déplacement parallèle doit réaliser en même temps le déplacement par congruence*. Il est à prévoir que cette condition introduira entre les composantes des deux connexions certaines relations que nous allons établir.

Soit donc une multiplicité rapportée à un certain système de coordonnées et à un certain étalonnage et soit

$$\overset{*}{g}_{ik}\,dx^i\,dx^k$$

la forme métrique étalonnée correspondante.

Donnons-nous un vecteur attaché au point P, de composantes $\xi^i(P)$: par déplacement parallèle de P en P', ces composantes deviendront

$$\xi^i(P\mid P') = \xi^i(P) - \Gamma^i_{.rs}(P)\,\xi^r(P)\,dx^s.$$

La longueur du vecteur dans chacune de ses deux positions sera donnée par les formules

$$l^2(\mathrm{P}) = \overset{*}{g}_{ik}(\mathrm{P})\,\xi^i(\mathrm{P})\,\xi^k(\mathrm{P}),$$

$$l^2(\mathrm{P}\,|\,\mathrm{P}') = \overset{*}{g}_{ik}(\mathrm{P}')\,\xi^i(\mathrm{P}\,|\,\mathrm{P}')\,\xi^k(\mathrm{P}\,|\,\mathrm{P}').$$

Nous supposons maintenant que ces deux longueurs sont congruentes dans la connexion métrique, c'est-à-dire qu'il existe entre elles la relation

$$l(\mathrm{P}\,|\,\mathrm{P}') = l(\mathrm{P})\left[1 - \frac{1}{2}\varphi_s(\mathrm{P})\,dx^s\right],$$

qui peut tout aussi bien s'écrire, toujours au même ordre d'approximation,

$$l^2(\mathrm{P}\,|\,\mathrm{P}') = l^2(\mathrm{P})\,[1 - \varphi_s(\mathrm{P})\,dx^s].$$

En explicitant cette équation et en y remplaçant les fonctions prises au point P′ par leurs développements limités du premier ordre, elle devient

$$\frac{\partial \overset{*}{g}_{ik}}{\partial x^s}\xi^i\xi^k\,dx^s - 2\,\overset{*}{g}_{rk}\Gamma^r_{.is}\xi^i\xi^k\,dx^s = -\,\overset{*}{g}_{ik}\varphi_s\xi^i\xi^k\,dx^s.$$

Or, cette relation doit être satisfaite quelles que soient d'une part les composantes ξ^i du vecteur considéré et quel que soit d'autre part le déplacement dx^s qu'on lui impose ; on en conclut donc les équations

$$(22)\qquad \overset{*}{g}_{rk}\Gamma^r_{.is} + \overset{*}{g}_{ri}\Gamma^r_{.ks} = \frac{\partial \overset{*}{g}_{ik}}{\partial x^s} + \overset{*}{g}_{ik}\varphi_s,$$

d'où l'on tire facilement [1]

$$(23)\qquad \overset{*}{g}_{rs}\Gamma^r_{.ik} = \frac{1}{2}\left(\frac{\partial \overset{*}{g}_{is}}{\partial x^k} + \frac{\partial \overset{*}{g}_{ks}}{\partial x^i} - \frac{\partial \overset{*}{g}_{ik}}{\partial x^s}\right) + \frac{1}{2}(\overset{*}{g}_{is}\varphi_k + \overset{*}{g}_{ks}\varphi_i - \overset{*}{g}_{ik}\varphi_s),$$

et enfin

$$(24)\qquad \Gamma^t_{.ik} = \frac{1}{2}\overset{*}{g}{}^{ts}\left(\frac{\partial \overset{*}{g}_{is}}{\partial x^k} + \frac{\partial \overset{*}{g}_{ks}}{\partial x^i} - \frac{\partial \overset{*}{g}_{ik}}{\partial x^s}\right) + \frac{1}{2}\left(\overset{*}{g}{}^t_i\varphi_k + \overset{*}{g}{}^t_k\varphi_i - \overset{*}{g}{}^{ts}\overset{*}{g}_{ik}\varphi_s\right).$$

---

[1] Il suffit de permuter deux fois circulairement les indices k, i, s et de retrancher la première des équations obtenues de la somme des deux dernières.

Les quantités $\overset{*}{g}_{rs}\Gamma^r_{.ik}$, qu'on peut encore écrire $\Gamma_{s,ik}$, sont les analogues des symboles de Christoffel de première espèce $\left[{ik \atop s}\right]$.

On voit donc que la donnée des composantes de la connexion métrique entraîne celle des composantes de la connexion affine.

Enfin on vérifie immédiatement sur les formules que nous venons de trouver que les Γ'_{ik} ainsi définis sont indépendants de l'étalonnage.

Nous sommes ainsi arrivés au stade définitif et nous donnerons à la multiplicité caractérisée par les différentes notions que nous venons d'introduire le nom d'*espace de Weyl*.

108. Extension de la notion de tenseur. — Dans un tel espace, il est alors commode d'étendre la notion de tenseur. Nous regarderons encore comme des composantes de tenseurs tout système de fonctions qui, en plus des transformations de caractère tensoriel covariant, contrevariant ou mixte vis-à-vis d'un changement de variables se trouvent encore multipliées par λ^e dans un changement d'étalonnage. L'exposant e sera dit le *poids* du tenseur en question. Par exemple les coefficients g_{ik} de la forme métrique étalonnée sont les composantes d'un tenseur de poids $+1$ ([1]).

109. Généralisation de la notion de déplacement parallèle. — Dans la géométrie de Weyl, on peut naturellement parler des composantes covariantes d'un vecteur en appliquant par définition les règles d'abaissement de l'indice

$$\xi_i = g_{ik}\xi^k.$$

Il est facile d'exprimer sur ces composantes les conditions du déplacement parallèle. D'après nos conventions, le déplacement par congruence d'un vecteur se fait d'après la loi

$$l^2(\mathrm{P}'|\mathrm{P}) = l^2(\mathrm{P})[1 - \varphi_i(\mathrm{P})\,dx^i].$$

Il est naturel d'adopter une définition analogue pour le transport

---

([1]) De même, les coefficients g^{ik} sont de poids -1, les composantes f_{ik} et F^h_{kris} des tenseurs de courbure segmentaire et vectorielle de poids zéro. Au contraire, le système covariant des composantes φ_i de la connexion métrique ne rentre pas dans cette catégorie, puisque sa loi de transformation dans un changement d'étalonnage est donnée par les formules (19).

Eddington emploie les expressions de in-tenseur et de co-tenseur suivant que le poids est nul ou non.

d'un produit scalaire, si l'on veut pouvoir donner de ce transport une définition intrinsèque, indépendante à la fois du système de coordonnées et de l'étalonnage.

Le transport parallèle d'un vecteur de composantes covariantes ξ_i devra alors se faire d'après une loi telle que le produit scalaire $\eta^i \xi_i$ se transforme d'après la loi précédente, quel que soit le système η^i déplacé lui-même parallèlement du point P au point voisin P'.

Un calcul immédiat nous donnera alors les conditions de déplacement parallèle sous la forme

$$(25) \qquad \xi_i(P \mid P') = \xi_i(P)[1 - \varphi_k(P)\,dx^k] + \Gamma^h_{ik}(P)\,\xi_h(P)\,dx^k.$$

On peut être surpris de trouver ici des formules plus compliquées que les formules (6) et d'y voir figurer les composantes φ_k de la connexion métrique.

En réalité, cela tient essentiellement au fait que les systèmes contrevariants que nous avons introduits jusqu'à présent comme composantes de vecteurs étaient *essentiellement de poids zéro*. Au contraire les composantes covariantes, telles que nous venons de les définir au début de ce paragraphe sont *de poids* $+1$. Si on les ramenait au poids zéro, en les divisant par un invariant de poids 1 (par exemple par le carré de la longueur du vecteur), on aurait

$$\Xi_i = \frac{\xi_i}{l^2},$$

et un calcul également simple donnerait pour les conditions de déplacement parallèle du système covariant Ξ_i de poids zéro

$$(26) \qquad \Xi_i(P \mid P') = \Xi_i(P) + \Gamma^h_{ik}(P)\,\Xi_h(P)\,dx^k.$$

formules entièrement analogues à celles que nous avons trouvées dans l'espace riemannien.

Nous laisserons au lecteur le soin de vérifier, par des considérations du même genre, les conditions de déplacement parallèle plus générales suivantes qu'il serait du reste facile d'étendre à des systèmes tensoriels d'ordre quelconque.

1° Invariant de poids e

$$(27) \qquad f(P \mid P') = f(P)(1 - e\varphi_k\,dx^k);$$

2° Système contrevariant de poids e

$$(28) \qquad A^i(P \mid P') = A^i(P)(1 - e\varphi_k\,dx^k) - \Gamma^i_{jk}\,A^j(P)\,dx^k;$$

3° Système covariant de poids e

$$(29) \qquad A_i(P \mid P') = A_i(P)(1 - e\varphi_k \, dx^k) + \Gamma^\lambda_{.ik} A_\lambda(P) \, dx^k \qquad (1).$$

On pourrait aussi déduire de ces considérations et de la notion de lignes géodésiques, comme nous l'avons fait au Chapitre II, un processus de dérivation tensorielle au sens de Weyl, que nous représenterons symboliquement par la lettre W et dont nous donnons les formules pour les invariants et les systèmes du premier ordre *de poids* e :

$$(30) \qquad \begin{cases} W_r f = \dfrac{\partial f}{\partial x^r} + e f \varphi_r, \\[2ex] W_r A^i = \dfrac{\partial A^i}{\partial x^r} + \Gamma^i_{\lambda r} A^\lambda + e A^i \varphi_r, \\[2ex] W_r A_i = \dfrac{\partial A_i}{\partial x^r} - \Gamma^\lambda_{.ir} A_\lambda + e A_i \varphi_r. \end{cases}$$

On étendrait sans peine ces formules à des systèmes d'un ordre quelconque.

Si, en particulier, nous les appliquons au système fondamental covariant g_{ik}, nous obtenons

$$W_r g_{ik} = \frac{\partial g_{ik}}{\partial x^r} - \Gamma^\lambda_{.ir} g_{\lambda k} - \Gamma^\lambda_{.kr} g_{\lambda i} + g_{ik} \varphi_r.$$

Or, si nous nous reportons aux formules (22), symbolisant la fusion de la connexion métrique et de la connexion affine, nous en déduisons immédiatement que l'on a

$$(31) \qquad W_r g_{ik} = 0.$$

---

(1) Ces particularités se trouvent déjà, sans que l'auteur les signale explicitement, dans l'Ouvrage de M. Weyl (*Temps, Espace, Matière*, traduction Juvet).

À la page 98, avant l'introduction de la détermination métrique, M. Weyl définit le transport parallèle d'un système covariant du premier ordre τ_i en partant de la condition

$$d(\tau_i \xi^i) = 0,$$

vérifiée quel que soit le système contrevariant ξ^i déplacé lui-même parallèlement. On arrive ainsi aux conditions (26) et évidemment ici il ne peut s'agir que de systèmes de poids zéro.

Au contraire, page 116, M. Weyl, sans expliciter du reste le calcul, donne une définition analogue en partant de la condition

$$d(\tau_i \xi^i) - \tau_i \xi^i d\varphi = 0,$$

qui s'applique aux invariants de poids 1 et conduit aux formules (25).

En reprenant le raisonnement du second Chapitre (n° 47), on voit qu'on a aussi

$$(32) \qquad W_r \overset{.}{g^k_i} = 0, \qquad W_r \overset{.}{g^{ik}} = 0$$

et nous retrouvons ici encore le théorème de Ricci : *Dans la géométrie de Weyl, comme dans la géométrie de Riemann, le tenseur métrique fondamental est stationnaire en tout point de l'espace.*

110. Étalonnage géodésique. Système de coordonnées géodésique. — Comme nous l'avons vu plus haut, il est en général impossible (à moins que l'espace ne soit riemannien) de disposer de l'étalonnage de telle sorte que les fonctions φ_i soient nulles en chaque point de la multiplicité. Mais il est toujours possible, d'après les formules (19), de choisir le rapport λ de passage d'un étalonnage à un autre de façon à annuler les fonctions φ_i *en un point déterminé de l'espace.* L'étalonnage remplissant cette condition sera dit *géodésique au point considéré.*

De même il est en général impossible (à moins que le tenseur F^k_{rs} ne soit identiquement nul) de disposer du système de coordonnées de façon à annuler les composantes Γ^i_{rs} de la connexion affine en tout point de la multiplicité. Mais il est toujours possible, d'après les formules (8), de disposer du système de coordonnées de façon à annuler ces composantes *en un point déterminé.* Le système remplissant cette condition sera dit *géodésique au point considéré.* Le passage d'un système x^i quelconque au système géodésique $\overline{x}^i$ est donné, comme au n° 54, par les formules de transformation

$$(33) \qquad x^i = (x^i)_0 + \overline{x}^i - \frac{1}{2}(\Gamma^i_{rs})_0 \overline{x}^r \overline{x}^s.$$

Si, en un point déterminé, on fait choix *à la fois* d'un étalonnage géodésique et d'un système de coordonnées géodésique, les formules (22) montrent que l'on aura en ce point

$$(34) \qquad \varphi_i = 0 \quad \text{et} \quad \frac{\partial \overset{.}{g_{ik}}}{\partial x^l} = 0.$$

111. Courbure de direction. — Les liens que nous avons établis entre les composantes de la connexion affine et celles de la connexion métrique entraînent une intéressante décomposition de la courbure vectorielle.

Prenons en effet un vecteur ξ^i et faisons décrire à son origine un petit contour fermé C et posons pour abréger l'écriture

$$\Sigma^{st} = \int_C x^s\,dx^t - x^t\,dx^s.$$

Nous avons vu plus haut qu'après cette circulation ses composantes auront subi les accroissements

$$(35) \qquad \delta\xi^k = -\frac{1}{4}\, F^k_{.rst}\, \xi^r\, \Sigma^{st}.$$

La longueur du vecteur aura subi elle aussi un accroissement δl et l'on trouve immédiatement la formule

$$l\,\delta l = -\frac{1}{4}\, g_{ik}\, F^k_{.rst}\, \xi^i \xi^r\, \Sigma^{st}.$$

D'autre part, nous savons, d'après la formule (21), que δl est lié aux composantes du tenseur de courbure segmentaire par la relation

$$\delta l = \frac{1}{8}\, l f_{st}\, \Sigma^{st}.$$

En introduisant cette valeur de δl dans l'équation précédente, on obtient

$$\frac{1}{2}\, g_{ir}\, f_{st}\, \xi^i \xi^r\, \Sigma^{st} = -\, g_{ik}\, F^k_{.rst}\, \xi^i \xi^r\, \Sigma^{st},$$

et comme cette identité doit avoir lieu quel que soit le vecteur ξ^i et quel que soit le tenseur symétrique gauche Σ^{st}, on en conclut entre $F^k_{.rst}$ et les f_{st} la relation

$$(36) \qquad g_{ir}\, f_{st} = -\, g_{ik}\, F^k_{.rst} - g_{rk}\, F^k_{.ist}.$$

Nous pouvons alors poser

$$(37) \qquad g_{ik}\, F^k_{.rst} = \mathcal{F}_{irst} - \frac{1}{2}\, g_{ir}\, f_{st},$$

et la relation précédente se traduit par le fait que les expressions $\bar{F}_{irst}$ seront symétriques gauches, non seulement en s et t (ce qui était évident), mais encore en i et r [1].

Il s'ensuit que l'accroissement $\delta \xi^k$ donné par la formule (35) peut se décomposer en deux parties : la première, provenant des termes $\bar{F}_{irst}$, correspond, comme dans le cas riemannien, uniquement à une variation dans la direction du vecteur, sans changement de longueur [2] ; la deuxième, provenant du terme $\frac{1}{2}\overset{*}{g}_{ir}f_{st}$, correspond (comme on le vérifie facilement) uniquement à un changement de longueur du vecteur, sans changement d'orientation. M. Weyl regarde les quantités $\bar{F}_{irst}$ comme les composantes du *tenseur de courbure de direction* (Richtungskrümmung). Il est du reste possible de calculer ces composantes en fonction des g_{ik} et des φ_i ; nous renverrons sur ce point au Mémoire déjà cité de M. Weyl [3].

Remarque. — La plupart des auteurs, exposant la théorie de M. Weyl, parlent d'étalons matériels de longueur choisis en chaque point et des modifications que peuvent subir ces étalons quand on les transporte d'un point à un autre.

Nous nous sommes systématiquement abstenus, jusqu'à présent, de cette façon de parler et il nous a paru plus clair de bâtir d'abord une théorie purement mathématique des multiplicités.

Plus tard, lorsqu'on voudra appliquer cette théorie à une étude de phénomènes physiques, il nous faudra faire appel, pour déterminer les fonctions g_{ik} et φ_i relatives à l'espace réel, aux propriétés

---

[1] Il est important de bien remarquer que les composantes entièrement covariantes

$$g_{ii}F^k_{\,rst} = F_{irst}$$

du tenseur de courbure vectorielle ne satisfont pas à toutes les conditions de symétrie du tenseur de Riemann-Christoffel, mais bien seulement aux deux suivantes, qui sont des conséquences des formules (11)

$$F_{irst} = - F_{irts},$$
$$F_{irst} + F_{istr} + F_{itrs} = 0.$$

De leur côté, les quantités $\bar{F}_{irst}$ ne satisfont pas à la condition de symétrie cyclique, en général.

[2] C'est une conséquence directe des symétries des $\bar{F}_{irst}$.

[3] *Reine Infinitesimalgeometrie* (M. Z., p. 403. — Voir également : GALBRUN, *Introduction à la théorie de la Relativité*, p. 273.

des corps qu'il contient; et c'est d'après ces propriétés que l'on dira (avec peut-être une certaine part de convention) que l'espace est euclidien, riemannien ou que c'est un espace de Weyl. Cette étude, comme toute étude expérimentale, ne pourra jamais être faite avec une rigueur absolue et nous avons jugé préférable de ne pas mélanger cette question des erreurs d'observation à une théorie qui, dans ce Chapitre, est encore abstraite.

112. La géométrie de M. Eddington. — Nous dirons seulement ici quelques mots d'une généralisation que M. Eddington a donnée de la notion de connexion métrique, renvoyant pour le développement de la théorie aux travaux du savant astronome ([1]).

Alors que, dans la théorie de M. Weyl, la variation du carré de la longueur d'un vecteur déplacé par congruence du point P au point P' est complètement indépendante de l'orientation de ce vecteur et s'exprime par la formule

$$l^2(\mathrm{P} \mid \mathrm{P}') - l^2(\mathrm{P}) = -\overset{*}{g}_{ik}(\mathrm{P})\,\varphi_s(\mathrm{P})\,\xi^i(\mathrm{P})\,\xi^k(\mathrm{P})\,dx^s,$$

M. Eddington admet au contraire une connexion métrique dans laquelle cette variation dépendrait de *tous* les éléments du vecteur (c'est-à-dire aussi bien de son orientation que de sa longueur). La connexion métrique se traduit alors par la formule

$$l^2(\mathrm{P} \mid \mathrm{P}') - l^2(\mathrm{P}) = -\Lambda_{iks}\,\xi^i\,\xi^k\,dx^s,$$

dans laquelle on peut toujours supposer les coefficients Λ_{iks} symétriques par rapport aux indices i et k.

Naturellement les considérations que nous avons exposées au n° **107**, relatives à la fusion entre la connexion affine et la connexion métrique, devront être reprises ici; en tout cas, la nouvelle géométrie renferme beaucoup plus d'arbitraire que celle de M. Weyl, et ce sera seulement l'essai de son application aux théories physiques qui décidera si elle doit lui être préférée.

([1]) *Voir* en particulier l'Ouvrage de M. Eddington : *The mathematical Theory of Relativity*, Cambridge, 1923, p. 213; ainsi que le Mémoire suivant du même auteur : *A generalisation of Weyl's Theory of the Electromagnetic and Gravitational Fields* (*Proc., Roy. Soc.*, A, 99, 1921, p. 104).

II. — LES TRAVAUX DE M. CARTAN.

Nous n'avons pas l'intention d'étudier à fond dans ce Chapitre les travaux de M. Cartan, relatifs aux sujets que nous traitons. Ces travaux dépassent en effet de beaucoup le cadre de nos actuelles préoccupations et sont du reste encore en cours de publication ([1]).

Nous tenons cependant à en souligner ici l'importance profonde et à en dire tout au moins quelques mots qui éclaireront un point particulier de la théorie de M. Weyl. Nous conserverons naturellement les notations dont nous nous sommes servis jusqu'ici, bien qu'elles soient différentes (dans la forme tout au moins) de celles de M. Cartan.

113. Critique de la condition de commutativité. Les espaces à torsion. — Dans l'étude que nous avons faite des variétés à connexion affine, nous avons suivi l'exposé qu'en a donné M. Weyl dans son Mémoire déjà cité : *Reine Infinitesimalgeometrie*, et nous avons en particulier puisé dans ce travail la *loi de commutativité* qui nous a conduits à la symétrie des composantes de la connexion affine. Dans son livre fondamental, *Raum, Zeit, Materie*, M. Weyl suit un chemin différent. Il admet, comme postulat, à la base de la notion de connexion affine, l'existence d'un système de coordonnées *géodésique en un point* P, système défini par le fait que le déplacement parallèle d'un vecteur du point P à un point voisin P′ se traduit par la conservation de la valeur de ses composantes contrevariantes. Il est très facile de voir que ce postulat de l'existence d'un système géodésique en chaque point de la multiplicité ([2]) entraîne la symétrie des Γ^i_{rs} relativement aux indices r et s.

Soit en effet x^i le système géodésique en P (existant par hypo-

---

([1]) Les bases s'en trouvent dans une série de notes successives aux *Comptes rendus de l'Académie des Sciences* : 1922, 1er sem., t. 174, p. 437, 593, 734, 857, 1104; ces notes ont été développées dans le Mémoire suivant : *Sur les variétés à connexion affine et la théorie de la Relativité généralisée (Ann. Éc. Norm., 1923, t. XL, p. 325. et 1924, t. XLI, p. 1).*

([2]) Naturellement, le système géodésique n'est géodésique que pour le point auquel il correspond, mais on suppose qu'à chaque point est attaché un tel système.

thèse), considérons un point voisin P', de coordonnées $\bar{x}^i + d\bar{x}^i$, le déplacement parallèle d'un vecteur de P en P' est alors caractérisé par les équations

$$\overline{\xi}^i(\mathrm{P} \mid \mathrm{P}') = \overline{\xi}^i(\mathrm{P}).$$

Mais d'autre part si nous passons de ce système géodésique à un autre quelconque x^i, nous aurons

$$\overline{\xi}^i(\mathrm{P}) = \overline{x}^i_{,r}(\mathrm{P})\,\xi^r(\mathrm{P}),$$

$$\overline{\xi}^i(\mathrm{P} \mid \mathrm{P}') = \overline{x}^i_{,r}(\mathrm{P}')\,\xi^r(\mathrm{P} \mid \mathrm{P}') = \left[\overline{x}^i_{,r}(\mathrm{P}) + \overline{x}^i_{,rs}(\mathrm{P})\,dx^s + \ldots\right]\xi^r(\mathrm{P} \mid \mathrm{P}').$$

D'où, en portant dans les relations précédentes et en ne tenant compte que des termes du premier ordre,

$$\overline{x}^i_{,r}\,\xi^r(\mathrm{P} \mid \mathrm{P}') = \overline{x}^i_{,r}\,\xi^r(\mathrm{P}) - \overline{x}^i_{,rs}\,\xi^r(\mathrm{P})\,dx^s,$$

ce qui devient, en multipliant les deux membres par $\underline{x}^h_i$ (avec sommation par rapport à i),

$$\xi^h(\mathrm{P} \mid \mathrm{P}') = \xi^h(\mathrm{P}) - \overline{x}^i_{,rs}\,\underline{x}^h_i\,\xi^r(\mathrm{P})\,dx^s.$$

Nous sommes donc conduits à poser

$$\Gamma^h_{,rs} = \overline{x}^i_{,rs}\,\underline{x}^h_i,$$

formule qui met bien en évidence la symétrie en question.

Les conditions posées par M. Weyl dans ses travaux : existence d'un système géodésique en un point et loi de commutativité sont donc entièrement équivalentes ([1]).

Or, comme le fait remarquer M. Cartan au début de son Mémoire des *Annales de l'École Normale*, on ne voit pas très bien la nécessité logique de l'existence d'un système géodésique et l'on peut en dire autant de la loi de commutativité.

Montrons donc, d'après les idées de M. Cartan, comment s'introduit cette loi de symétrie et quelle est sa signification précise.

Supposons définie, comme nous l'avons fait au n° 104, la notion de connexion affine entre les multiplicités tangentes en deux points voisins P et P' par les formules

$$\xi^i(\mathrm{P} \mid \mathrm{P}') = \xi^i(\mathrm{P}) - \Gamma^i_{,rs}(\mathrm{P})\,\xi^r(\mathrm{P})\,dx^s,$$

([1]) Nous avons vu en effet, au n° 110, que la loi de commutativité entraîne l'existence d'un système géodésique en un point déterminé.

les coefficients $\Gamma'_{i,s}$ n'étant assujettis pour le moment à aucune condition de symétrie. Ces relations permettent le *repérage*, l'un par rapport à l'autre, des espaces affines tangents aux points P et P'.

Il est en effet naturel de prendre pour *coordonnées relatives* du point P' par rapport au point P les différences dx^i des coordonnées de ces deux points (¹). Supposons maintenant un troisième point P', repéré par rapport au point P' et de *coordonnées relatives* δx^i par rapport à ce point. Pour le repérer par rapport au point P, nous transporterons par déplacement parallèle le vecteur (P' P'') de P' en P et nous ajouterons les composantes du vecteur déplacé aux *coordonnées relatives* dx^i du point P'. (Ce sont au fond les opérations que l'on fait pour effectuer les changements d'axes de coordonnées en géométrie classique.)

En procédant ainsi de proche en proche, nous pourrons repérer un point quelconque de la multiplicité et lui donner des *coordonnées relatives* par rapport à un point fixe pris comme point initial. Naturellement, ce repérage dépendra en général des points intermédiaires, c'est-à-dire du chemin choisi pour joindre les deux points.

Il est facile d'établir les formules donnant ces *coordonnées relatives*, dans le cas où le point que l'on veut repérer reste dans l'entourage immédiat du point initial.

Considérons en effet deux points P_0 et P_1 de la multiplicité, reliés par un certain arc de courbe; nous supposerons que les coordonnées du point P_0 sont nulles et que le long de l'arc en question les valeurs absolues des coordonnées restent inférieures à un nombre fixe très petit ε. Nous nous proposons de repérer le point P_0 par rapport au point P_1. Pour cela, soit P un point quelconque de l'arc $P_0 P_1$ de coordonnées x^i, supposons que nous ayons repéré P_0 par rapport à P et soient α^i les *coordonnées relatives* que nous avons été amenés à lui donner. Passons du point P à un point très voisin P' de coordonnées $x^i + dx^i$ et soient $x^i + dx^i$ les *coordonnées relatives* de P_0 par rapport à P'. Nous obtiendrons

---

(¹) M. Cartan prend d'une façon plus générale pour *coordonnées* de P' par rapport à P des combinaisons linéaires et homogènes des dx^i, cela ne modifie pas essentiellement ce que nous avons à dire.

ces dernières en transportant par déplacement parallèle le vecteur de composantes x^i de P en P' et en ajoutant aux composantes du vecteur ainsi déplacé les *coordonnées relatives* $- dx^i$ de P par rapport à P'; ceci nous conduira aux équations

$$(38) \qquad d\alpha^i = - dx^i - \Gamma^i_{.rs}\, \alpha^r\, dx^s.$$

On en déduit de suite pour les *coordonnées relatives* de P_0 par rapport à P_1

$$(39) \qquad (\alpha^i)_{.1} = - \int_{P_0 P_1} dx^i - \int_{P_0 P_1} \Gamma^i_{.rs}\, \alpha^r\, dx^s.$$

Ces relations sont des équations intégrales d'où nous allons tirer approximativement la valeur des $(\alpha^i)_{.1}$ en tenant compte du fait que l'arc $P_0\, P_1$ est très petit.

Sous le signe d'intégration, les quantités $\Gamma^i_{.rs}$ et α^r sont prises au point courant P, on aura donc en les développant au voisinage de P_0

$$\Gamma^i_{.rs} = (\Gamma^i_{.rs})_{(0)} + \left(\frac{\partial \Gamma^i_{.rs}}{\partial x^l}\right)_{(0)} x^l + H\, \varepsilon^2,$$

$$\alpha^r = \left(\frac{\partial \alpha^r}{\partial x^l}\right)_{(0)} x^l + H'\, \varepsilon^2 = - x^r + H'\, \varepsilon^2$$

(en tenant compte naturellement de la relation (38) et du fait que les α^i s'annulent évidemment en P_0).

On a alors

$$(\alpha^i)_{(1)} = - \int_{P_0 P_1} dx^i + (\Gamma^i_{.rs})_{0} \int_{P_0 P_1} x^r\, dx^s + H''\, \varepsilon^3.$$

Supposons maintenant le contour fermé et P_1 coïncidant avec P_0, nous aurons (aux infiniment petits du troisième ordre près)

$$(\alpha^i)_{.1} = (\Gamma^i_{.rs})_{(0)} \int_C x^r\, dx^s,$$

ce qui peut encore s'écrire, comme nous l'avons déjà fait souvent,

$$(40) \qquad (\alpha)^i_{(1)} = \frac{1}{4}\left[\Gamma^i_{.rs} - \Gamma^i_{.sr}\right]_{0} \int_C x^r\, dx^s - x^s\, dx^r.$$

Ces formules définissent ainsi le *repérage du point* P_0 *par rapport à lui-même* lorsqu'on prend comme intermédiaires une série de points échelonnés sur le contour C.

La condition de symétrie $\Gamma^i_{.rs} = \Gamma^i_{.sr}$ exprime donc la condition nécessaire et suffisante pour que ces *coordonnées relatives* $(\alpha^i)_{(1)}$ soient nulles quel que soit le contour C.

Tel est le sens précis de la condition imposée aux espaces de Weyl.

Si au contraire nous ne faisons aucune hypothèse restrictive sur les composantes de la connexion affine, les $(\alpha^i)_{(1)}$ ne seront pas nulles en général et les formules qui les donnent montrent immédiatement que les quantités $\Gamma^i_{.rs} - \Gamma^i_{.sr}$ sont les composantes mixtes d'un tenseur du troisième ordre [1].

114. Le tenseur de torsion. — Nous pourrons alors poser

$$(41) \qquad \begin{cases} \Gamma^i_{.rs} - \Gamma^i_{.sr} = 2\,T^i_{.rs}, \\ \Gamma^i_{.rs} + \Gamma^i_{.sr} = 2\,\gamma^i_{.rs}, \end{cases}$$

ce qui donnera

$$(42) \qquad \Gamma^i_{.rs} = T^i_{.rs} + \gamma^i_{.rs}.$$

Le tenseur $T^i_{.rs}$ (symétrique gauche par rapport aux indices r et s) caractérisera, d'après M. Cartan, la *torsion* de l'espace considéré.

Quant aux quantités $\gamma^i_{.rs}$, elles obéiront à la loi de symétrie droite

$$(43) \qquad \gamma^i_{.rs} = \gamma^i_{.sr}$$

mais ne présenteront pas le caractère tensoriel (sauf naturellement vis-à-vis des changements de variables linéaires).

On pourra, dans ces espaces à torsion, introduire exactement comme nous l'avons fait plus haut la notion de connexion métrique, et en effectuant la fusion entre ces deux connexions, on démontrera que la donnée *arbitraire* des composantes φ^i de la connexion métrique, *jointe à celle des composantes $T^i_{.rs}$ du tenseur de torsion*, détermine entièrement les composantes de la connexion

---

[1] On vérifierait immédiatement du reste sur les formules (8) (dont la démonstration ne s'appuie pas sur la loi de commutativité) que ces expressions présentent bien le caractère tensoriel.

affine par les formules

$$(44) \qquad \Gamma_{sik} = \frac{1}{2}\left(\frac{\partial \overset{*}{g}_{is}}{\partial x^k} + \frac{\partial \overset{*}{g}_{ks}}{\partial x^i} - \frac{\partial \overset{*}{g}_{ik}}{\partial x^s}\right)$$
$$+ \frac{1}{2}\left(\overset{*}{g}_{is}\varphi_k + \overset{*}{g}_{ks}\varphi_i - \overset{*}{g}_{ik}\varphi_s\right) + \mathrm{T}_{kis} + \mathrm{T}_{iks} + \mathrm{T}_{sik}.$$

Les espaces de M. Weyl apparaissent alors comme un cas particulier des espaces de M. Cartan qui comprennent aussi *a fortiori* les espaces riemanniens et les espaces euclidiens.

Enfin, nous citerons encore pour terminer, dans un ordre d'idées analogue, un Mémoire de J. A. Schouten (*Math. Zeitschrift* t. XIII, 1922) et des travaux encore en cours de publication de P. Dienes [*Sur la structure mathématique du Calcul tensoriel* (*Journal de Mathématiques pures et appliquées*. t. III, 1924)].

CHAPITRE VII.
APERÇUS DE GÉOMÉTRIE CAYLEYENNE.

Nous voudrions dans ce Chapitre, qui forme en quelque sorte un appendice à cette première Partie, exposer quelques considérations d'ensemble et dire un mot à titre d'exemple des Géométries non euclidiennes générales sous la forme qui leur a été donnée par les travaux de Cayley.

I. — CONSIDÉRATIONS GÉNÉRALES.

115. Géométrie. Édifice géométrique. Schéma. — On donne communément le nom de géométrie à un ensemble formé de sciences parfois bien différentes parmi lesquelles on peut, à notre avis, distinguer trois concepts distincts auxquels nous donnerons les noms respectifs de « *géométrie* », « *édifice géométrique* » (ou encore *édifice logique*) et « *schéma géométrique* ».

La « *géométrie* » sera pour nous la science de la mesure expérimentale des longueurs ; elle porte sur l'univers dans lequel nous vivons, elle en est la géodésie. Basée sur des expériences physiques, elle est un chapitre de la physique, science dans laquelle elle prend une place de plus en plus prépondérante. Sous la dépendance de nos sens et de nos instruments, elle devra cependant se dégager des erreurs d'observation et tendre vers des énoncés précis, non approximatifs comme ses bases.

Un « *édifice géométrique* » sera une science abstraite, comme l'algèbre, une pure succession de syllogismes. Fruit de la seule pensée d'un savant, elle n'est justifiable que des règles de la logique formelle, elle est indépendante et de l'expérience et des représentations que l'on peut donner de ses concepts.

Un « *schéma géométrique* » sera une représentation concrète d'un édifice géométrique, un support pour les raisonnements. Un schéma n'est ni vrai ni faux, il est seulement plus ou moins commode. Il faut se garder de le confondre avec une géométrie, il n'existe que dans notre imagination et il peut atteindre la même perfection que l'édifice logique qu'il représente.

La géométrie est donc objective, autant que la science peut l'être, l'édifice logique et le schéma subjectifs.

Le tableau suivant, qui groupe quelques exemples, précisera pour le lecteur le sens que nous donnons à ces mots.

NOUVEAU TERME.		
Édifice logique (Raisonnement.)	*Schéma.* (Représentation spatiale.)	*Géométrie.* (Science expérimentale.)
ANCIEN TERME.		
Algèbre.	*Géométrie.*	*Physique.*
Exemples :		
Édifice euclidien à points cycliques imaginaires.	Géométrie euclidienne ordinaire.	Conception de l'Univers de Galilée-Newton.
Édifice euclidien à points cycliques réels.	Géométrie hyperbolique spéciale.	Espace-Temps de Minkowsky-Einstein.
Édifice cayleyen...... $K = \dfrac{2i}{R}$	Géométrie cayleyenne à absolu pseudo-réel.	Univers fermé d'Einstein.
	Géométrie non euclidienne de Riemann.	Univers fermé de De Sitter.
	Géométrie sphérique.	
Édifice cayleyen...... $K = \dfrac{2}{R}$	Géométrie cayleyenne à absolu réel.	
	Géométrie non euclidienne de Lobatschewsky et Bolyai.	
	Schéma de Poincaré dans le plan de la variable complexe.	
	Géométrie sur une surface à courbure constante négative.	
Étude d'une forme quadratique de différentielles.	Géométrie sur une surface quelconque.	Espace-Temps de la Relativité générale.

II. — L'ÉDIFICE EUCLIDIEN ET SES SCHÉMAS.

116. L'édifice euclidien. — La géométrie euclidienne fut, dans ses origines anciennes, une science expérimentale de mesure appliquée à la surface terrestre, une véritable « *géométrie* ». Ce n'est que peu à peu qu'on se préoccupa d'en tirer un édifice logique.

Avant le XIXᵉ siècle, deux noms dominent son étude, celui d'Euclide et celui de Descartes et chacun marque une étape de la science.

Euclide codifia le premier l'édifice logique de la géométrie pure, sous la forme qui subsiste encore aujourd'hui ; ses Éléments constituent à la fois un édifice logique et un schéma que son génie a su dégager de la géométrie, au sens que nous donnons ici à ce mot.

Descartes, établissant un lien entre les concepts géométriques et les concepts algébriques, a montré qu'on pouvait développer analytiquement toute la géométrie sans faire aucune figure, sans faire correspondre aux éléments algébriques aucune représentation spatiale : il a séparé l'édifice logique du schéma.

Un exposé simple et impeccable de la géométrie euclidienne renversera aujourd'hui ces deux étapes. Bornons-nous à la géométrie plane.

Nous conviendrons d'appeler [point] tout système de deux nombres x, y, [droite] l'ensemble des [points] dont les *coordonnées* vérifient une équation linéaire, [distance] de deux [points] x, y, et x', y' la quantité $\sqrt{(x-x')^2 + (y-y')^2}$, [angle] de deux [droites] d'équations

$$y = mx + n \qquad \text{et} \qquad y = m'x + n',$$

le nombre V défini à π près par la formule $\tan V = \dfrac{m'-m}{1+mm'}$, etc.

Entre d'autres termes, nous ferons de l'algèbre pure, en prenant comme bases des définitions conventionnelles calquées sur celles de la géométrie euclidienne classique. Nous nous efforcerons naturellement de n'introduire que des définitions compatibles et aussi d'en réduire le nombre au minimum. Nous bâtirons ainsi peu à peu l'*édifice euclidien*.

117. Le schéma euclidien classique. — Il est maintenant facile de donner un schéma de cet édifice logique. Appelons point, droite, distances angle, etc. (sans crochets) les éléments que la géométrie classique désigne de ce nom et dont tout homme se fait une représentation spatiale et convenons qu'un [point] est représenté par un point (dont x et y sont les coordonnées cartésiennes), une [droite] par une droite, etc.; nous obtiendrons ainsi une représentation spatiale concrète des théorèmes énoncés dans l'édifice euclidien.

Ce schéma n'est du reste pas le seul qui puisse servir à cette représentation ; si nous le soumettons en effet à une transformation birationnelle quelconque, nous en déduirons un autre schéma dans lequel la [droite] de l'édifice logique sera représentée par une courbe, la [distance] par une fonction plus ou moins compliquée des deux [points] et ce schéma pourra servir au même titre que le premier (avec peut-être plus ou moins de commodité) de support aux raisonnements de l'édifice logique euclidien.

Pour en donner un exemple, soumettons le schéma euclidien classique à une transformation homographique. Une [droite] sera encore représentée par une droite du nouveau schéma, par contre une [circonférence] sera représentée par une conique passant par deux points particuliers qui sont les correspondants des [points cycliques]. Nous n'avons plus immédiatement la représentation de la [distance] ni celle des [angles], mais il est facile de les retrouver en partant du rapport anharmonique de quatre [points] en [ligne droite] qui est égal au rapport anharmonique des quatre points représentatifs.

Dans le schéma euclidien classique, pour mesurer une longueur, il faut chercher à la reconstituer à l'aide d'une unité de longueur préalablement donnée ou à l'aide de ses parties aliquotes. Il faut donc savoir *déplacer* cette unité. Nous sommes donc conduits à étudier les déplacements dans notre nouveau schéma.

A la droite de l'infini du schéma euclidien classique, correspondra ici une droite quelconque Δ. portant les homologues I et J des points cycliques. Deux [droites parallèles] seront représentées par des droites concourant sur la droite Δ. Ceci posé, soit AB l'unité de longueur arbitrairement donnée dans une de ses positions ; une [translation] sera une opération l'amenant dans une position A'B' telle que la figure ABB'A' représente un [parallélogramme] ; une [rotation] (à partir de cette nouvelle position) autour du [point] A' sera une opération l'amenant dans une troisième position A'B'' telle que B'' soit sur la [circonférence] de [centre] A' qui passe par le [point] B'. Cette [circonférence] est ici représentée par une conique tangente en I et J aux deux droites A'I et A'J et passant de plus par le point B'. On sait que ce sont là cinq conditions linéaires déterminant de façon unique la conique. Un [déplacement] général sera composé de [translations] et de [rotations] successives.

Pour obtenir la représentation de la [distance] de deux [points] M et M'. on commencera par [déplacer] l'unité de longueur de façon à l'amener en MP sur la [droite] MM'.

Si l'on avait effectué les mêmes opérations dans le schéma euclidien classique, la distance (au sens ordinaire du mot) aurait encore pu être définie comme le rapport anharmonique des quatre points M', P, M, Q, ce dernier point étant le point à l'infini de la droite MM'. Cette définition peut, sous cette forme, se transcrire ici et la [distance] sera représentée dans le nouveau schéma par la valeur du rapport anharmonique des quatre points M', P, M, Q, ce dernier étant le point de rencontre de la droite MM' avec la droite Δ.

De même, l'[angle] de deux [droites] D et D', issues d'un [point] M, sera donné au moyen des éléments du schéma par la formule (déduite de celle de Laguerre)

$$\big| \widehat{DD'} \big| = V = \frac{1}{2i} \log(MI, MJ, D, D').$$

Cet [angle] V est défini à un multiple de π près, il n'est indéterminé que si les droites D et D' passent toutes deux par l'un des points I et J, c'est-à-dire si elles représentent des [droites isotropes] [1].

118. L'édifice euclidien hyperbolique.

— On construit généralement les schémas de telle sorte que les éléments réels de l'édifice logique y soient représentés par des éléments réels. Ceci n'a du reste rien d'essentiel et en particulier on pourrait prendre des schémas de l'édifice euclidien où les [points cycliques] seraient représentés par des points réels. L'étude de tels schémas est par elle-même très intéressante, car elle correspond, dans un cas particulier, à celle du schéma dû à Minkowsky-Einstein de l'univers de la relativité restreinte : aussi, nous préférerons, pour la poursuivre, rétablir la correspondance entre les éléments réels en modifiant légèrement l'édifice logique lui-même.

Nous supposerons que les points représentatifs des [points cycliques] soient réels et situés à l'infini dans deux directions rectangulaires (auxquelles les axes de coordonnées seront parallèles) et nous définirons, sur le schéma lui-même, les notions d'[angles] et de [distance] par les formules

$$(1) \qquad \begin{cases} [MM'] = (M', P, M, Q), \\ [\widehat{DD'}] = \frac{1}{2} \log(MI, MJ, D, D'). \end{cases}$$

Celles-ci sont calquées sur celles du paragraphe précédent, seul dans la seconde le coefficient i a été supprimé pour rétablir la correspondance entre la réalité des éléments. Ces formules transposées dans l'édifice logique y donneront, pour définir la [distance] et l'[angle], les formules

$$(1') \qquad \begin{cases} [MM'] = \sqrt{(x - x') + (y - y')}, \\ [\widehat{DD'}] = \frac{1}{2} \log \frac{m'}{m} \qquad [2]. \end{cases}$$

---

[1] Il est à remarquer que dans l'édifice euclidien les notions de distance et d'[angle] jouent des rôles différents; alors que la notion d'[angle] résulte de la seule donnée dans le schéma des points cycliques, celle de [distance] nécessite en plus une unité de longueur. Nous trouverons plus loin un édifice géométrique dans lequel ces deux notions joueront des rôles entièrement symétriques.

On aurait pu aussi, dans le même ordre d'idées, soumettre le schéma euclidien classique à une transformation dualistique, on aurait encore obtenu un autre schéma de l'édifice euclidien dans lequel ces rôles auraient été échangés.

[2] Le point I désigne le point à l'infini de la direction oy, J celui de la direction ox.

où x, y; x', y' sont naturellement les coordonnées des points M et M', m et m' les coefficients angulaires des droites D et D'.

Nous obtiendrons ainsi l'édifice logique *pseudo-euclidien* ou encore *hyperbolique*; nous le retrouverons plus tard et nous nous contenterons pour le moment de renvoyer le lecteur à un Ouvrage déjà cité (E. BOREL, *Introduction géométrique à quelques théories physiques*).

III. — LES ÉDIFICES GÉOMÉTRIQUES CAYLEYENS.
L'ÉDIFICE GÉOMÉTRIQUE CAYLEYEN A ABSOLU PSEUDO-RÉEL.

119. Définitions générales. — Nous allons examiner maintenant un édifice géométrique dû à Cayley dans lequel il y a dualité complète entre les notions d'angle et de distance. Nous développerons cet édifice en même temps qu'un de ses schémas que nous appellerons le schéma cayleyen classique.

Le schéma aura pour support un plan dans lequel nous tracerons une conique que nous appellerons *l'absolu*.

Par définition un [point] de l'édifice logique sera représenté par un point du schéma ([1]). Étant donnés deux points M et M' du schéma, soient P et Q les points où la droite qui les joint coupe l'absolu, nous appellerons [distance] des deux [points] M et M' correspondants la quantité

$$(2) \qquad [\text{MM}'] = \frac{1}{\text{K}}\log(\text{M, M}', \text{P, Q}).$$

De même, une [droite] de l'édifice logique sera représentée par une droite du schéma, et nous définirons l' [angle] de deux [droites] D et D', se coupant en O, par l'expression

$$(3) \qquad \left[\widehat{\text{DD}'}\right] = \frac{1}{\text{K}'}\log(\text{D, D}', \text{O}\mu, \text{O}\mu'),$$

$\text{O}\mu$ et $\text{O}\mu'$ étant les deux tangentes menées du point O à l'absolu.

K et K' sont deux constantes numériques arbitraires, nous les choisirons en particulier de telle sorte qu'à des éléments réels du schéma correspondent des [distances] et des [angles] réels.

Ces définitions mettent bien en évidence la symétrie que nous avons signalée plus haut entre les notions d' [angle] et de [distance].

Nous ne développerons pas la théorie dans l'espace, les définitions seraient analogues et l'on en trouvera une remarquable étude dans les *Principes de Géométrie Analytique* de Darboux.

([1]) Il est bien entendu que les mots que nous plaçons entre crochets se rapportent aux êtres de nature purement algébrique de l'édifice logique; au contraire, *les mots sans crochets gardent leur signification euclidienne*. Nous représenterons aussi par la même lettre les êtres correspondants de l'édifice logique et du schéma, ce qui ne risque de créer aucune confusion.

Dans le plan, nous distinguerons deux cas suivant la nature de l'absolu :

1° L'absolu est une conique imaginaire à équation réelle (ce que nous appellerons une conique *pseudo-réelle*) : la géométrie s'étend alors à tout le plan du schéma ;

2° L'absolu est une conique réelle *convexe* ; comme nous le verrons par la suite, le schéma ne comprendra que les points à son intérieur.

Pour des raisons que nous verrons plus tard, on ne considère pas les cas où la conique serait à équation imaginaire ou bien ne serait pas convexe.

120. L'édifice Cayleyen à absolu pseudo-réel.

— Soit $f(x, y, z) = 0$ l'équation de l'absolu en coordonnées cartésiennes homogènes ou même en coordonnées trilinéaires : la forme quadratique f sera ici supposée définie positive. Soient deux points réels du schéma M et M' de coordonnées respectives x, y, z et x', y', z', un point quelconque de la droite qui les joint aura des coordonnées de la forme $x + \lambda x', y + \lambda y', z + \lambda z'$ et les λ des points P et Q d'intersection de cette droite avec l'absolu sont donnés par l'équation du deuxième degré

$$f(x - \lambda x') \equiv f(x) + 2\lambda f(x \mid x') + \lambda^2 f(x') = 0 \quad (^1).$$

Si λ_1 et λ_2 en sont les racines, le rapport anharmonique ρ des quatre points M, M', P, Q est égal à $\dfrac{\lambda_1}{\lambda_2}$, on a donc

$$\frac{\lambda_1}{\rho} = \frac{\lambda_2}{1} = \frac{\lambda_1 + \lambda_2}{1 + \rho} = \sqrt{\frac{\lambda_1 \lambda_2}{\rho}},$$

ce qui s'écrit encore

$$\frac{(1 + \rho)^2}{4\rho} = \frac{[f(x \mid x')]^2}{f(x) f(x')}.$$

Les racines λ_1 et λ_2 étant certainement imaginaires, le second membre de cette équation est compris entre 0 et 1 et nous pouvons poser

$$\frac{f(x \mid x')}{\sqrt{f(x) f(x')}} = \cos \alpha,$$

α étant un angle réel, qu'on peut supposer compris entre 0 et π.

L'équation en ρ se transforme en la suivante

$$\rho^2 - 2\rho \cos 2\alpha + 1 = 0,$$

et donne

$$\rho = \cos 2\alpha \pm i \sin 2\alpha = e^{\pm 2i\alpha}.$$

On en déduit pour la [distance] MM' la formule

$$[MM'] = \frac{1}{K} \log \rho = \frac{1}{K} (\pm 2i\alpha + 2hi\pi).$$

(¹) Nous représenterons, pour abréger l'écriture, la forme quadratique par $f(x)$ et la forme polaire par $f(x \mid x')$.

Si l'on veut que cette dernière soit réelle, on prendra pour K une quantité imaginaire pure : nous poserons

$$K = \frac{2\,i}{R}.$$

Nous obtiendrons ainsi la formule fondamentale de Cayley

$$(4) \qquad \cos^2 \frac{[MM']}{R} = \frac{[f(x\,|\,x')]^2}{f(x)\,f(x')},$$

servant de définition à la [distance].

Parmi l'infinité de déterminations qu'on peut en tirer pour la [distance] [MM'], il y en a toujours deux (que nous dirons *principales*) qui sont comprises entre O et πR (l'une entre O et $\frac{1}{2}\,\Pi R$, l'autre entre $\frac{1}{2}\,\pi R$ et πR). Si les [points] M et M' se déplacent sur la [droite] qui les porte, la plus grande de ces deux déterminations ne pourra pas dépasser πR. La [droite] cayleyenne (dans le cas de l'absolu pseudo-réel) doit être regardée comme une ligne fermée de [longueur] πR. Deux [points] placés sur elle la partagent en deux segments, dont les [longueurs] sont précisément les deux déterminations principales dont nous venons de parler et l'ensemble de toutes les déterminations de la [distance] se déduirait de celles-là en leur ajoutant un plus ou moins grand nombre de tours sur la courbe et en en changeant au besoin le signe.

121. [Distances] orientées. Relation de Chasles. — La [distance] telle qu'elle vient d'être définie par les deux déterminations principales est la [distance] arithmétique des deux [points]. Si l'on se borne à l'étude de segments portés par une même [droite], il est possible de la compléter par une notion de *sens*.

Considérons en effet trois [points] sur une [droite], M, M', M'', on vérifie immédiatement la relation

$$(M, M', P, Q)(M', M'', P, Q)(M'', M, P, Q) = +1,$$

P et Q désignant toujours les points de rencontre de la droite du schéma avec l'absolu.

On en déduit qu'il y a entre les [distances] mutuelles des trois [points] (sans préciser leurs déterminations) la relation

$$[MM'] \pm [M'M''] \pm [M''M] = N\pi,$$

tout à fait analogue à la formule de Chasles.

On pourra alors convenir que les [distances] sont comptées algébriquement et sont comprises entre $-\pi R$ et $+\pi R$; on choisira arbitrairement le signe de l'une d'elles (ce qui revient à orienter la [droite]), et l'on déterminera le signe des deux autres par la condition que la relation de Chasles

$$[MM'] + [M'M''] + [M''M] = 0$$

soit vérifiée, tout à fait comme on ferait pour des distances comptées sur un cercle.

122. [Distance] de deux [points] infiniment voisins. — De la formule (4) on tire

$$(5) \qquad \sin^2 \frac{[MM']}{R} = \frac{f(x)\, f(x') - [f(x\,x')]^2}{f(x)\, f(x')}.$$

Si l'on revient maintenant aux coordonnées non homogènes (en faisant $z = z' = 1$ dans la formule précédente) et si l'on suppose que les deux [points] donnés sont infiniment voisins, c'est-à-dire que les différences de leurs coordonnées sont infiniment petites), on obtient facilement la formule donnant l'élément linéaire de l'édifice cayleyen sous la forme

$$(6) \qquad ds^2 = R^2 \frac{f(x, y, 1)\, f(dx, dy, 0) - [f'_x(x, y, 1)\, dx + f'_y(x, y, 1)\, dy]^2}{[f(x, y, 1)]^2}.$$

123. [Angles] cayleyens. Formule fondamentale de la trigonométrie cayleyenne. — Soient de même deux [droites] réelles D et D', se coupant en un point O; les tangentes à l'absolu, $O\mu$ et $O\mu'$, issues du point correspondant du schéma sont imaginaires conjuguées et par suite le rapport anharmonique $(D, D', O\mu, O\mu')$ est un nombre complexe de module égal à l'unité; nous serons donc conduits à donner à la constante K une valeur imaginaire pure, nous la prendrons égale à $2i$ (de façon que les [angles] soient déterminés à π près comme dans l'édifice euclidien) et les [angles] cayleyens seront définis par la formule

$$(7) \qquad [DD'] = \frac{1}{2i} \log(D, D', O\mu, O\mu').$$

Il nous sera maintenant facile d'établir la formule fondamentale de la trigonométrie cayleyenne. Soit en effet un [triangle] ABC, le faisceau des tangentes $A\mu$ et $A\mu'$ menées du point A à l'absolu, a pour équation

$$g(x, y, z) = f(x, y, z)\, f(x_0, y_0, z_0) - [x_0 f'_x - y_0 f'_y + z_0 f'_z]^2 = 0,$$

x_0, y_0, z_0 étant les coordonnées du point A.

Appelons β et γ les deux points de rencontre de ces tangentes avec le côté BC; l'[angle] BAC s'exprimera à l'aide du rapport anharmonique des quatre droites AB, AC, Aβ, Aγ; or celui-ci est égal au rapport anharmonique des quatre points B, C, β, γ, si bien que l'[angle] BAC pourra s'obtenir par application de la formule (4) à condition d'y faire R = 1 et d'y prendre pour absolu la conique $g(x, y, z) = 0$.

$$\cos\left[\widehat{BAC}\right] = \frac{g(x_1 \mid x_2)}{\sqrt{g(x_1)\, g(x_2)}}$$

$$= \frac{f(x_1 \mid x_2)\, f(x_0) - f(x_0 \mid x_1)\, f(x_0 \mid x_2)}{\sqrt{[f(x_0)\, f(x_1) - f^2(x_0, x_1)]\,[f(x_0)\, f(x_2) - f^2(x_0, x_2)]}}.$$

$x_1, y_1, z_1 : x_2, y_2, z_2$ désignant les coordonnées respectives des points B et C.

En comparant cette formule avec les formules (4) et en désignant par $[a]$, $[b]$, $[c]$ les [longueurs] des côtés du triangle et par $[A]$, $[B]$, $[C]$ les mesures cayleyennes de ses [angles], on obtient par un calcul facile la formule fondamentale de la trigonométrie cayleyenne sous la forme

$$(8) \qquad \cos \frac{[a]}{R} = \cos \frac{[b]}{R} \cos \frac{[c]}{R} + \sin \frac{[b]}{R} \sin \frac{[c]}{R} \cos[A].$$

Cette formule présente une similitude remarquable avec la formule fondamentale de la trigonométrie sphérique, nous en verrons sous peu la raison.

124. Lien entre l'édifice cayleyen (à absolu pseudo-réel) et la géométrie non-euclidienne de Riemann. — C'est un fait historique bien connu que, dans l'étude des fondements de la géométrie classique, les géomètres hésitèrent longtemps à classer le postulatum d'Euclide parmi les postulats irréductibles et qu'ils s'essayèrent en vain à en trouver des démonstrations.

L'irréductibilité de ce postulat n'apparut clairement que lorsque divers géomètres, dont Lobatschewsky. Bolyai et Riemann, réussirent à construire des édifices logiques non contradictoires en rejetant ce postulat et quelques autres.

En particulier, Riemann, rejetant ce postulat d'Euclide et admettant de plus qu'une droite n'est pas toujours déterminée de façon unique par la donnée de deux de ses points, construisit la *Géométrie riemannienne*.

Nous n'en exposerons pas ici le développement [1], nous nous contenterons de signaler qu'on y rencontre une formule fondamentale de trigonométrie identique à la formule (8) et que, partant de là, il est facile de montrer que l'édifice logique construit par Riemann coïncide avec l'édifice cayleyen à absolu pseudo-réel. Tout au plus pourrait-on regarder la géométrie riemannienne comme un autre schéma de l'édifice cayleyen. Cela ne diminue nullement l'importance de l'un des édifices car, si les développements en sont les mêmes, les bases en sont profondément différentes.

125. Schéma sphérique de l'édifice cayleyen à absolu pseudoréel. — Construisons dans un plan Π portant des axes de coordonnées rectangulaires le schéma cayleyen par rapport à l'absolu

$$(\Gamma) \qquad x^2 + y^2 + R^2 = 0 \quad (2).$$

---

(1) Voir à ce sujet une note de POINCARÉ dans le *Traité de géométrie* de ROUCHÉ et COMBEROUSSE.

(2) Ce choix particulier de l'absolu ne diminue pas la généralité, car on peut toujours s'y ramener en soumettant au besoin le schéma à une transformation homographique, ce qui, comme dans le cas euclidien, conduit à un schéma équivalent.

et traçons une sphère S de centre C, de rayon R, tangente au plan en O.

À tout point M du plan Π nous pouvons faire correspondre les deux points m et m_1, où la sphère est coupée par la droite CM : nous considérerons plus spécialement celui de ces points (soit m) qui est le plus voisin du point O.

Le cône asymptote de S (c'est-à-dire le cône isotrope de centre C) coupe le plan Π suivant le cercle pseudo-réel Γ qui nous sert d'absolu. À une droite D du plan Π correspond sur la sphère un grand cercle, aux points de rencontre de D avec Γ correspondent les points de rencontre de ce grand cercle avec le cône isotrope de sommet C ; ces deux points sont les points cycliques de la direction de plan CD. Il s'ensuit immédiatement que la [distance] cayleyenne de deux [points] M et M' est égale à la longueur de l'arc de grand cercle reliant sur la sphère les points m et m' correspondants.

De même, à une droite du plan Π tangente à l'absolu correspond un grand cercle dont le plan est tangent au cône asymptote de S et l'on en conclut comme précédemment que l'[angle] cayleyen de deux [droites] a même mesure que l'angle des grands cercles qui leur correspondent.

Ce schéma présente l'avantage de conserver aux représentations des notions d'[angle] et de [distance] un sens euclidien. Il nous montre clairement pourquoi l'univers cayleyen à absolu pseudo-réel est limité, pourquoi les [distances] n'y sont déterminées qu'à un multiple de πR près et aussi pourquoi la formule fondamentale de la trigonométrie cayleyenne se confond avec celle de la trigonométrie sphérique (¹).

125. [Aires] cayleyennes. — Étant donné un triangle de sommets M, M', M'', nous prendrons comme définition de l'[aire] comprise à son intérieur la formule

$$(9) \qquad [A] = \frac{1}{2}[MM'][MM'']\sin\left[\widehat{M'MM''}\right],$$

les éléments figurant dans le second membre ayant naturellement la signification cayleyenne des [distances] et des [angles]. Les considérations du paragraphe précédent montrent immédiatement que sur le schéma sphérique l'[aire] cayleyenne est représentée par l'aire (au sens euclidien du mot) de la portion de sphère correspondant au triangle.

(¹) Il est cependant à remarquer que la construction du schéma sphérique de l'édifice cayleyen à *deux* dimensions fait appel à la notion que nous avons de l'espace euclidien à *trois* dimensions. Si l'on voulait développer l'édifice cayleyen à trois dimensions, tout ce que nous avons dit sur le schéma cayleyen classique subsisterait sans modifications importantes (*voir* DARBOUX, *loc. cit.*) alors qu'au contraire le schéma sphérique nous ferait ici défaut. Dans un ordre d'idées analogues, bien qu'il ne s'y agisse pas de l'édifice cayleyen, on pourra se reporter aussi à l'article suivant : R. THIRY, *Sur la possibilité de se représenter l'espace fini et sans bornes de la théorie de la relativité* (*Rev. gén. des Sc.*, 15 avril 1922).

De cette définition on déduit facilement la formule permettant d'évaluer une [aire] quelconque. Avec le système de coordonnées que nous avons choisi ici, l'élément linéaire de l'édifice cayleyen est donné par la formule

$$(10) \qquad ds^2 = \mathrm{R}^2 \cdot \frac{(x^2 + y^2 + \mathrm{R}^2)(dx^2 + dy^2) - (x\,dx + y\,dy)^2}{(x^2 + y^2 + \mathrm{R}^2)^2} \qquad (^1).$$

Un calcul facile montre que l'élément d'[aire] correspondant à l'intérieur du petit rectangle compris, sur le schéma, entre les droites d'abcisse x et $x + dx$, d'ordonnées y et $y + dy$ a pour expression

$$(11) \qquad d\sigma = \frac{\mathrm{R}^3}{(x^2 + y^2 + \mathrm{R}^2)^{\frac{3}{2}}}\,dx\,dy.$$

L'[aire] comprise à l'intérieur d'un domaine quelconque sera alors fournie par la valeur de l'intégrale double

$$\int\int \frac{\mathrm{R}^3\,dx\,dy}{(x^2 + y^2 + \mathrm{R}^2)^{\frac{3}{2}}},$$

étendue à la portion du schéma correspondante.

En particulier l'[aire] d'un triangle quelconque est égale au produit par R^2 de l'excès sur π de la somme de ses [angles] et l'[aire] totale du [plan] cayleyen est finie et a pour valeur $2\pi\mathrm{R}^2$.

127. Quelques remarques sur les schémas cayleyens. — L'étude comparée des deux schémas va nous permettre de mettre en évidence des propriétés importantes de l'édifice cayleyen à absolu pseudo-réel. Le schéma classique du plan Π présente un avantage sur le schéma sphérique en ce sens qu'à un point de l'édifice logique correspond un point unique du schéma classique et au contraire deux points du schéma sphérique ; mais, comme nous allons le voir, ceci ne va pas sans entraîner quelques difficultés.

Comme nous l'avons dit plus haut, l'espace cayleyen est fini (au sens cayleyen de la notion de [distance]), les points du schéma classique qui sont à l'infini doivent être traités sur le même pied que les autres. Sur le schéma sphérique du reste, ils correspondent aux points du grand cercle II de la sphère dont le plan est parallèle à Π et ils ne se distinguent en rien des points du reste de cette surface. Supposons maintenant que nous donnions au [point] M un déplacement quelconque, il sera naturel de dire que le déplacement est [continu] (au sens cayleyen du mot) s'il est possible de le décomposer en déplacements élémentaires tels que la [distance] entre

---

(^{1}) Le lecteur pourra traiter sur ce ds^2 les problèmes qui ont fait l'objet du Chapitre V. Il trouvera naturellement que l'espace cayleyen a une courbure constante positive, égale à $\frac{1}{\mathrm{R}^2}$. La formule ci-dessus est la même que la formule (^{2}) du Chap. V, définissant l'espace *elliptique*.

deux positions successives quelconques du [point] M soit petite. Sur le schéma sphérique, à un déplacement [continu] (au sens cayleyen) correspond évidemment un déplacement continu (au sens euclidien) ; il n'en est plus de même sur le plan Π et si le point m de S traverse le cercle Π, le point M s'éloigne à l'infini et en revient en général par la direction opposée. Il y a du reste plus, traçons autour du point M un petit contour fermé portant une flèche d'orientation, il lui correspond sur la sphère deux petits contours tracés autour de m et de m_1 et dont les sens d'orientation sont différents puisqu'ils sont symétriques par rapport au centre C. Supposons maintenant que le point M se déplace dans le plan en entraînant son petit contour et qu'il revienne après un certain parcours à sa position de départ. Ceci peut avoir lieu de deux façons différentes : il peut se faire que le point m de la sphère revienne lui aussi à sa position initiale et l'ensemble du schéma reprend exactement son aspect primitif ; au contraire, il peut aussi se faire que le point m revienne coïncider avec la position initiale du point m_1 et alors le sens du contour entourant M apparaît comme renversé par le déplacement. Il est évident que cette particularité n'a pu se présenter que si le point m a traversé le cercle Π, c'est-à-dire si le point M s'est éloigné à l'infini sur son schéma.

Pour reconnaître, sur le seul schéma classique, la nature des déplacements, nous distinguerons les deux côtés du plan Π que nous représenterons conventionnellement par $Π_+$ et $Π_-$ et nous considérerons comme distincts deux points géométriquement confondus mais appartenant à des côtés différents. Nous conviendrons par exemple qu'à celui des deux points m et m_1 le plus rapproché de O correspond le point M_+ et à l'autre le point M_-. Nous orienterons de même chaque côté du plan au moyen d'une convention *uniforme* en nous plaçant debout sur le côté considéré. il en résulte que le sens d'un contour portant une flèche est différent suivant qu'on le considère comme appartenant à $Π_+$ ou à $Π_-$. Dans le déplacement que nous avons considéré plus haut en deuxième lieu, tout se passe comme si le point M_+ était revenu en M_-, *le sens d'orientation du contour n'ayant pas changé.*

Ceci est la caractéristique des *surfaces unilatères.* Nous pourrons alors imaginer que le plan Π' a un bord à l'infini et que l'on a raccordé entre eux chaque couple de points de ce bord pris dans des directions opposées (¹). Nous appellerons Π' la surface ainsi modifiée et c'est elle que nous prendrons comme support du schéma cayleyen classique.

IV. — L'ÉDIFICE GÉOMÉTRIQUE CAYLEYEN A ABSOLU RÉEL.

128. Généralités. — Reprenons l'étude de l'édifice cayleyen au moyen

----

(¹) Il y a là quelque chose d'analogue avec la façon bien connue dont on constitue une surface unilatère à l'aide d'une bande de papier dont on raccorde les extrémités après un retournement.

du schéma classique, en supposant cette fois que l'absolu est une conique réelle Γ que nous supposerons convexe. Nous calquerons nos définitions sur celles données plus haut en les modifiant seulement de façon à établir la correspondance entre la réalité des éléments. Or ceci n'est possible que si nous limitons nos considérations à la région intérieure à Γ. En effet, prenons un point O de la région extérieure et soient deux droites D et D′ issues de ce point; les tangentes menées par lui à Γ seront deux droites réelles Oμ et Oμ′ et le rapport anharmonique (D, D′, Oμ, Oμ′) sera négatif ou positif suivant que les couples D, D′, et Oμ, Oμ′ seront *enchevêtrés* ou non; il sera donc impossible de choisir la constante K′ de telle sorte que l′[angle] de deux [droites] réelles soit lui-même réel quelle que soit leur disposition.

C'est pour cette raison que nous supposerons l'absolu convexe et que nous limiterons le schéma à son intérieur (¹). Tout [point] de l'édifice cayleyen sera alors représenté par un point du schéma, toute [droite] par un *segment* rectiligne intérieur à Γ.

129. [**Distances et angles**]. — Prenons deux points quelconques M et M′ intérieurs à l'absolu; les points de rencontre P et Q de la droite qui les joint avec la conique Γ sont certainement réels et les deux couples M, M′ et P, Q ne sont pas enchevêtrés; nous définirons donc la [distance] des deux [points] correspondants de l'édifice cayleyen par la formule

$$(12) \qquad [MM'] = \frac{1}{K} \log (M, M', P, Q),$$

K étant une *constante réelle* que nous appellerons $\frac{2}{R}$.

De façon analogue, considérons deux [droites] dont les segments représentatifs se coupent à l'intérieur de l'absolu (nous dirons que ces [droites] sont [sécantes]). Les tangentes menées à l'absolu par leur point de rencontre sont imaginaires conjuguées, le rapport anharmonique que ces tangentes forment avec les deux droites, est ici encore un nombre complexe de module égal à l'unité et nous conservons par suite la formule de définition des [angles] cayleyens sous la forme

$$(13) \qquad \left[\widehat{DD'}\right] = \frac{1}{2i} \log (D, D', O\mu, O\mu').$$

On pourra alors répéter tous les raisonnements faits au paragraphe III en y remplaçant seulement R par Ri dans les expressions relatives aux distances.

En particulier, la formule de Cayley deviendra

$$(14) \qquad \mathrm{Ch}^2 \frac{[MM']}{R} = \frac{[f(x \mid x')]^2}{f(x)f(x')}.$$

(¹) C'est également pour des raisons analogues que nous rejetons les absolus dont l'équation ne serait pas réelle.

On y voit immédiatement que la [distance] cayleyenne est nulle si les points M et M' sont confondus et qu'elle grandit au contraire indéfiniment si l'un des deux points s'approche de l'absolu. Cet absolu joue donc le rôle d'*infini inaccessible* pour l'intérieur de Γ et, *à fortiori*, l'espace extérieur à cette conique est lui-même inaccessible.

Deux [droites] dont les segments représentatifs se coupent sur l'absolu ont un [point] commun à [distance] infinie, elles seront dites [parallèles]; deux [droites] dont les segments représentatifs se coupent en dehors de l'absolu n'ont *aucun* point commun, ce sont des [non-sécantes](1). Par un [point] pris en dehors d'une [droite], on peut lui mener *deux* [parallèles] et une infinité de [non-sécantes].

On verra de même facilement que la condition d'orthogonalité de deux [droites] se traduit par le fait que les segments représentatifs correspondants sont conjugués par rapport à l'absolu. Elles ont alors certainement un [point] commun. Deux [droites] [non-sécantes] quelconques ont alors une [perpendiculaire commune] (et une seule) qui définit en même temps leur [plus courte distance].

La formule fondamentale de la trigonométrie cayleyenne deviendra :

$$(15) \qquad \operatorname{ch} \frac{[a]}{R} = \operatorname{ch} \frac{[b]}{R} \operatorname{Ch} \frac{[c]}{R} - \operatorname{sh} \frac{[b]}{R} \operatorname{sh} \frac{[c]}{R} \cos [A].$$

On trouvera aussi que l'[aire] d'un triangle a pour expression

$$R^2 [\pi - (A + B + C)].$$

A, B, C, désignant les mesures cayleyennes de ses [angles]. En particulier, un triangle inscrit dans l'absolu, a ses trois [angles] nuls et par suite son [aire] est égale à πR^2; comme d'autre part on peut évidemment paver l'intérieur de l'absolu avec une infinité de tels triangles, la [surface] totale de cette région est infinie comme ses [dimensions linéaires].

130. Lien entre l'édifice cayleyen (à absolu réel) et la géométrie non euclidienne de Lobatschewsky.

— Lobatschewsky et Bolyai ont édifié une géométrie non euclidienne en rejetant seulement le postulatum d'Euclide et en admettant que par un point on peut mener plus d'une parallèle à une droite. On pourrait ici encore, en en poursuivant le développement (ce que nous ne ferons pas), démontrer l'identité de l'édifice logique ainsi construit avec celui qui vient de faire l'objet des paragraphes précédents.

131. Le schéma de Poincaré.

— En effectuant au besoin une transformation homographique, nous pouvons prendre pour absolu (lorsque celui-ci est réel) le cercle d'équation

$$(\Gamma) \qquad x^2 + y^2 - R^2 = 0.$$

---

(1) Nous n'avons pas défini l'[angle] de deux [non-sécantes].

Nous pourrions déduire du schéma classique un schéma sphérique en menant en O une sphère S tangente au plan Π et de rayon Ri, en projetant à partir de son centre C les points M du schéma en m et en m_1 sur la sphère; mais ce schéma ne nous serait ici d'aucune utilité puisqu'il serait entièrement imaginaire. Nous nous en servirons cependant comme intermédiaire pour établir un schéma intéressant dû à Poincaré et en étudier les propriétés.

Les points m et m_1 étant obtenus par le procédé précédent sur la sphère S, nous en effectuerons la projection stéréographique sur le plan Π en prenant comme point de vue le point O' de S diamétralement opposé à O. On obtient ainsi deux points μ et μ_1; il est très facile de constater que si l'on pose $OM = r$ et $O\mu = \rho$, il y a entre ces deux longueurs la relation

$$\rho^2 - \frac{4R^2}{r}\rho + 4R^2 = 0.$$

On en déduit immédiatement que les points μ et μ_1 sont réels dès que le point M est intérieur à l'absolu ($r < R$) et que les deux valeurs de ρ que l'on peut tirer de cette équation sont positives et séparées par le nombre $2R$. En ne retenant que le point μ qui est le plus proche de O, on établit ainsi une correspondance biunivoque entre l'intérieur du cercle Γ et celui du cercle Γ' de rayon $R' = 2R$.

À une [droite] de l'édifice cayleyen correspond un grand cercle de la sphère S, celui-ci donne à nouveau un cercle dans le schéma de Poincaré. La puissance de O par rapport à ce cercle est $O\mu . O\mu_1 = 4R^2$; il est donc orthogonal au cercle Γ'.

Nous obtiendrons ensuite facilement l'expression de la [distance] cayleyenne dans notre nouveau schéma. Soient en effet m et m' deux points du schéma sphérique et φ l'angle au centre $\overset{\frown}{mCm'}$, la [distance] des [points] correspondants de l'édifice est égale, comme nous l'avons vu, à $Ri\varphi$; or l'angle $\dfrac{\varphi}{2}$ (sous-tendant le segment mm' dans le grand cercle contenant ces points) est égal, d'après le théorème de Laguerre, à

$$\frac{1}{2i}\log(m, m', \mathrm{I}, \mathrm{J}),$$

I et J désignant les points cycliques du plan de ce grand cercle. Ce rapport anharmonique se conserve dans la projection stéréographique ([1]), les points I et J deviennent les points de rencontre P et Q de la [droite] $\mu\mu'$ avec le cercle Γ' et nous obtenons la [distance] cayleyenne sous la forme

$$[\mu\mu'] = R\log(\mu, \mu', \mathrm{P}, \mathrm{Q}) = \frac{R'}{2}\log(\mu, \mu', \mathrm{P}, \mathrm{Q}).$$

Quant à l'[angle] cayleyen, sa représentation est immédiate, elle est

---

([1]) *Voir* par exemple pour la démonstration de cette propriété de l'inversion : HADAMARD, *Leçons de géométrie élémentaire*, t. 2, p. 401.

fournie, sur le schéma de Poincaré comme sur le schéma sphérique, par l'angle euclidien des deux cercles qui correspondent à ses côtés.

En résumé, dans le schéma de Poincaré :

1° Un [point] est représenté par un point intérieur à Γ' ; une [droite], par la portion d'un cercle orthogonal à Γ' intérieure à ce dernier cercle.

2° La [distance] de deux points a pour valeur $\dfrac{R'}{2} \log(\mu, \mu', P, Q)$, μ et μ' étant les points représentatifs correspondants et P et Q les points d'intersection du cercle représentatif de la [droite] $\mu\mu'$ avec Γ'.

3° Les [angles] gardent leur signification euclidienne.

132. Autre forme du schéma de Poincaré.

— Poincaré a fait usage de ce schéma, sous une forme à peine modifiée, dans la théorie des groupes fuchsiens. Transformons le schéma précédent par une inversion dont le pôle soit sur Γ' ; ce cercle se transformera en une droite que nous prendrons pour nouvel axe Ox, son intérieur se transformera en un demi-plan dans lequel nous placerons la partie positive de l'axe Oy et que nous appellerons le demi-plan supérieur. L'inversion conservant, comme nous l'avons déjà rappelé, le rapport anharmonique de quatre points sur un cercle ainsi que les angles, les définitions données au paragraphe précédent subsistent entièrement pour ce schéma en y substituant Ox à Γ'.

Un calcul très facile donnera pour l'élément de [longueur] cayleyenne la formule

$$(16) \qquad ds^2 = R^2 \frac{dx^2 + dy^2}{y^2},$$

et pour l'élément d'[aire]

$$(17) \qquad d\sigma = \frac{R^2}{y^2}\, dx\, dy.$$

En particulier, partant de la première de ces deux formes quadratiques, le lecteur pourra rechercher les [géodésiques] de l'édifice cayleyen [1]. Il sera conduit à l'équation différentielle

$$y \frac{d^2 y}{dx^2} + \left(\frac{dy}{dx}\right)^2 - 1 = 0,$$

qui, par deux intégrations successives, donne

$$y^2 + x^2 = 2Cx + C'.$$

Les [géodésiques] de l'édifice cayleyen en sont donc aussi les [droites], comme dans l'édifice euclidien.

---

[1] On vérifiera de même que l'espace cayleyen à absolu réel a une courbure constante négative égale à $-\dfrac{1}{R^2}$. On pourrait en donner un schéma dans lequel les distances et les angles seraient représentés par des distances et des angles euclidiens, en le traçant sur une surface à courbure totale constante négative.

V. — LES DÉPLACEMENTS CAYLEYENS.

133. Généralités et définitions. — Nous n'avons pas l'intention de poursuivre davantage l'étude de l'édifice cayleyen : mais, néanmoins, nous ne saurions terminer ce Chapitre sans dire un mot d'une de ses propriétés essentielles.

Les définitions que nous avons mises à la base de nos considérations peuvent paraître bien arbitraires et il est permis de se demander si l'on ne pourrait pas leur en substituer d'autres conduisant à des édifices logiques également intéressants.

La chose est effectivement possible, mais Sophus Lie a montré que les définitions cayleyennes des [distances] et des [angles] sont les *seules* qui conduisent à des édifices logiques admettant des [déplacements] possédant le même nombre de paramètres que les déplacements de l'édifice euclidien(¹).

C'est cette propriété fondamentale qui donne toute son importance à l'édifice cayleyen et nous tenons à en dire au moins quelques mots en renvoyant pour plus de détails à l'Ouvrage de Darboux.

Nous appellerons [déplacement] cayleyen toute transformation ponctuelle conservant les [distances]. Une telle transformation conserve les [lignes géodésiques], elle transforme donc les [droites] en [droites].

Raisonnons maintenant sur le schéma cayleyen classique ; le [déplacement] se traduira par une transformation du plan en lui-même conservant les droites, ce sera donc une transformation homographique. De plus, cette transformation doit également conserver l'absolu puisque celui-ci correspond au lieu des [points à l'infini]. Réciproquement, il est évident que toute transformation projective qui conserve l'absolu, laisse invariantes les [distances] cayleyennes.

134. Cas où l'absolu est pseudo-réel. — Lorsque l'absolu est pseudo-réel, on peut toujours, comme nous l'avons fait au n° 125, supposer qu'il coïncide avec le cercle d'équation

$$x^2 + y^2 + R^2 z^2 = 0,$$

x, y, z désignant des coordonnées cartésiennes rectangulaires homogènes.

Une transformation homographique quelconque pourra toujours s'écrire sous la forme

$$(18) \qquad \begin{cases} x' = a\,x + b\,y + c\,R\,z, \\ y' = a_1 x + b_1 y + c_1 R z, \\ R z' = a_2 x + b_2 y + c_2 R z; \end{cases}$$

et comme on peut en multiplier arbitrairement les coefficients par un

---

(¹) Les définitions euclidiennes peuvent du reste être regardées comme un cas limite des définitions cayleyennes. L'absolu est alors dégénéré et se réduit, au point de vue tangentiel, aux deux points cycliques (*cf.* DARBOUX, *loc. cit.*).

même nombre, nous pourrons supposer qu'elle doit transformer en elle-même la forme quadratique $x^2 + y^2 + R^2 z^2$.

Les transformations qui jouissent de cette propriété sont les substitutions orthogonales effectuées sur les variables $x, y, R z$; elles dépendent bien, dans le cas de l'édifice à deux dimensions, de *trois* paramètres arbitraires.

Les déplacements ainsi définis conservent évidemment les [angles]; on peut se demander s'ils en conservent également le sens. C'est en s'aidant du schéma sphérique que cette question s'étudiera le plus facilement.

Rapportons la sphère S du n° 123 à trois axes de coordonnées rectangulaires $C\xi$, $C\eta$, $C\zeta$ passant par son centre, les axes $C\xi$ et $C\eta$ étant respectivement parallèles aux axes Ox et Oy du plan Π et l'axe $C\zeta$ étant dirigé vers le point O.

Un calcul immédiat donne les coordonnées des points m et m' de la sphère en fonction de celles du point M du plan Π sous la forme

$$(19) \qquad \begin{cases} \xi = \dfrac{\varepsilon x}{\sqrt{x^2 + y^2 + R^2 z^2}} \\[2mm] \eta = \dfrac{\varepsilon y}{\sqrt{x^2 + y^2 + R^2 z^2}} \\[2mm] \zeta = \dfrac{\varepsilon R z}{\sqrt{x^2 + y^2 + R^2 z^2}} \end{cases} \qquad (\varepsilon = \pm 1).$$

Le [déplacement] cayleyen se traduira alors par les formules

$$(20) \qquad \begin{cases} \xi' = a\xi + b\eta + c\zeta, \\ \eta' = a_1\xi + b_1\eta + c_1\zeta, \\ \zeta' = a_2\xi + b_2\eta + c_2\zeta, \end{cases}$$

qui correspondent, comme il fallait bien s'y attendre, à un déplacement euclidien sur la sphère.

Ceci posé, nous savons qu'à chaque point de la sphère S correspond un point unique du schéma Π' situé d'un côté bien déterminé du plan qui le porte. Nous allons alors être conduits à distinguer deux cas, suivant le signe du module μ de la substitution :

1° $\mu = +1$. Considérons autour d'un point m de la sphère une figure quelconque (f), les formules de la substitution lui font correspondre autour d'un autre point m' de S, une figure (f') formée d'éléments égaux. La Géométrie euclidienne élémentaire nous apprend du reste que ces deux figures sont directement superposables; on peut, par un déplacement continu, les amener l'une sur l'autre. Les mêmes circonstances se présentent pour les figures (F) et (F') du plan Π'.

2° $\mu = -1$. Les deux figures (f) et (f') ne sont plus directement superposables; par un déplacement continu sur la sphère, on peut amener la figure (f') en coïncidence avec la figure (f_1), symétrique de (f) par rapport au point C. Sur le schéma classique, il en sera de même, on pourra amener la figure (F') dans une position (F_1) qui sera *en regard* de la figure (F) mais qui ne coïncidera pas avec elle, car elle ne sera pas du même côté du plan. Il faudrait que nous puissions soit sortir du schéma, soit le traverser, pour pouvoir établir la coïncidence.

Il y a donc analogie complète entre cette étude et celle que l'on peut faire des figures égales dans l'espace euclidien classique.

On pourra du reste, ici aussi, mettre en évidence les trois paramètres dont dépend le [déplacement] en se servant soit des angles d'Euler, soit des paramètres d'Olindes Rodrigues (*voir* t. II, p. 381).

135. Cas où l'absolu est réel. — Les considérations précédentes, qui se présentent d'une façon toute naturelle lorsque l'absolu est pseudo-réel, pourraient encore s'appliquer au cas d'un absolu réel, mais il faudrait alors faire intervenir des substitutions à coefficients imaginaires. Nous laisserons au lecteur le soin de faire les modifications nécessaires et nous nous contenterons de dire quelques mots des [déplacements] cayleyens sur le schéma de Poincaré étendu à l'ensemble du demi-plan.

Nous reprendrons les notations qui nous ont servi aux n°s 131 et 132. Dans le plan II du schéma classique, le [déplacement] se traduit par une transformation projective conservant l'absolu Γ; les points de cet absolu subiront donc sur lui une transformation homographique et il en sera de même des points du cercle Γ' (qui se déduisent des points Γ par une homothétie de rapport 2) et aussi des points de l'axe Ox transformé par inversion du cercle Γ' dans la seconde forme du schéma de Poincaré.

Sur ce dernier schéma, le [déplacement] se traduira donc par une transformation ponctuelle conservant les cercles orthogonaux à Ox (puisque ceux-ci représentent les [droites] de l'édifice cayleyen) et se réduisant à une transformation homographique sur l'axe Ox lui-même.

Ceci va nous permettre de trouver très facilement les formules générales de la transformation. Soit en effet M un point du schéma de coordonnées x et y et M_1 son symétrique par rapport à l'axe Ox. L'ensemble des cercles passant par ces deux points forme un faisceau linéaire ayant Ox pour base. Sur cette droite, ce faisceau aura deux points limites imaginaires dont les abscisses seront les nombres complexes $t = x + iy$ et $t' = x - iy$.

Ces deux nombres complexes peuvent alors être regardés indifféremment comme les *abscisses* (sur la droite Ox) de ces points limites ou comme les *affixes* (dans le plan) des points M et M_1.

Dans un [déplacement] amenant les points M et M_1 en M' et M'_1, le faisceau de cercles se transformera en un autre faisceau de cercles et les abscisses des nouveaux points limites se déduiront de celles des anciens par une substitution homographique à coefficients réels.

L'effet du [déplacement] se traduira donc sur l'affixe du point M par la formule

(21)
$$t' = \frac{\alpha t + \beta}{\gamma t + \delta},$$

$\alpha, \beta, \gamma, \delta$ étant des coefficients réels.

De là on peut tirer les formules de la transformation ponctuelle sous la
forme

$$(\text{2'})\qquad
\begin{cases}
x' = \dfrac{2\gamma(x^2 - y^2) - (\alpha\delta + \beta\gamma)x + \beta\delta}{\gamma^2(x^2 - y^2) - 2\gamma\delta x + \delta^2}, \\[2mm]
y' = \dfrac{(\alpha\delta - \beta\gamma)y}{\gamma(x^2 - y^2) - 2\gamma\delta x + \delta^2}.
\end{cases}$$

Cette transformation du plan en lui-même conservera les angles (puisque
la relation entre t et t' est analytique); il fallait s'y attendre puisque les
[angles] cayleyens doivent être conservés dans le [déplacement] et qu'ils
sont représentés sur le schéma de Poincaré par des angles euclidiens. Il y
a lieu cependant de préciser ce point. Nous avons convenu, en établissant
le schéma de Poincaré de ne considérer que celui des deux points M et M_1
dont l'ordonnée est positive.

Or si $\alpha\delta - \beta\gamma > 0$, y et y' sont de même signe, et le [déplacement] transformera tout point M du demi-plan supérieur en un point M' situé dans ce
même demi-plan. Les angles d'une figure tracée au voisinage du point M
seront alors directement égaux aux angles correspondants de la figure
transformée.

Si, au contraire, $\alpha\delta - \beta\gamma < 0$, le point M se transformera en un point
situé dans le demi-plan opposé, il faudra donc ramener ce dernier dans le
demi-plan supérieur en lui substituant son symétrique par rapport à Ox
et le sens des angles se trouvera renversé par le [déplacement].

Ces particularités tiennent à ce que le [point] de l'édifice cayleyen est
représenté en réalité par l'ensemble des deux points M et M_1 du schéma:
ce n'est que par une convention arbitraire que nous pouvons faire jouer
un rôle particulier à l'un des points et nous ne pouvons pas établir cette
distinction analytiquement.

Nous retrouvons donc bien ici encore les deux espèces de [déplacements]
que nous avons déjà rencontrées dans les édifices à absolu pseudo-réel.

TABLE DES MATIÈRES.

CHAPITRE I.

Rappel des propriétés fondamentales des formes linéaires et quadratiques.

I. — FORMES LINÉAIRES ET SUBSTITUTIONS LINÉAIRES.

II. — FORMES QUADRATIQUES.

CHAPITRE II.

Calcul tensoriel.

I. — Définitions générales.

II. — Algèbre tensorielle.

III. — Forme quadratique fondamentale.

IV. — Lignes géodésiques.

V. — Analyse tensorielle.

VI. — Dérivations covariantes successives.
Tenseur de Riemann-Christoffel.

CHAPITRE III.

Exemples et applications du calcul tensoriel dans l'espace euclidien à trois dimensions.

I. — Calcul vectoriel en coordonnées curvilignes

II — Exemples et applications tirés de la mécanique classique.

CHAPITRE IV.

Espaces euclidiens à n dimensions.

I. — Étude d'un espace euclidien dans le cas où les coefficients de la forme quadratique fondamentale sont des constantes.

CHAPITRE V.

Espaces riemanniens à n dimensions.

I. — Méthode de M. Levi-Civita. Généralités.

II. — Le déplacement parallèle.

III. — Courbure d'un espace riemannien.

IV. — Espaces riemanniens à courbure constante

CHAPITRE VI.

Les géométries de Weyl et d'Eddington.
Les travaux de M. Cartan.

I. — La géométrie de Weyl.

II. — Les travaux de M. Cartan.

CHAPITRE VII.

Aperçus de géométrie cayleyenne.

I. — Considérations générales.

II. — L'édifice euclidien et ses schémas.

III. — Les édifices géométriques cayleyens.
L'édifice géométrique cayleyen à absolu pseudo-réel.

IV. — L'ÉDIFICE GÉOMÉTRIQUE CAYLEYEN A ABSOLU RÉEL.

V. — LES DÉPLACEMENTS CAYLEYENS.

75322   Paris. — Imprimerie Gauthier-Villars et Cie, 55, quai des Grands-Augustins.

APPELL (Paul) Membre de l'Institut, Recteur de l'Université de Paris, et **DAUTHEVILLE (S).**, Doyen honoraire de la Faculté des Sciences de l'Université de Montpellier. — **Précis de Mécanique rationnelle**. *Introduction à l'étude de la Physique et de la Mécanique appliquée*, à l'usage des candidats aux certificats de licence et des élèves des Ecoles techniques supérieures. 3e édition revue et augmentée. In-8° (25-16) de VIII-742 pages, avec 233 figures; 1924................... 60 fr.

APPELL (Paul), Membre de l'Institut. — **Traité de Mécanique rationnelle** (Cours de Mécanique de la Faculté des Sciences). 4 volumes in-8 (25-16), se vendant séparément.

TOME I : *Statique. Dynamique du point*. Quatrième édition, entièrement refondue. Vol. in-8 de VIII-620 p., avec 180 fig.; 1920. 54 fr.

TOME II : *Dynamique des systèmes. Mécanique analytique*. Quatrième édition ; 1924.................................. 60 fr.

TOME III : *Équilibre et mouvement des milieux continus*. Troisième édition entièrement refondue, avec une Note de E. et F. COSSERAT, *Sur l'action euclidienne*. Volume in-8 de VIII-674 pages, avec 70 figures ; 1921.................................. 60 fr.

TOME IV : *Figures d'équilibre d'une masse liquide homogène en rotation sous l'attraction newtonienne de ses particules*. Vol. de 297 pages, avec 53 figures ; 1921....................... 30 fr.

TOME V : *Éléments de Calcul Tensoriel, applications géométriques et mécaniques*.............................. (*Sous presse*).

APPELL (Paul). — **Cours de Mécanique** de la classe de Mathématiques spéciales, conforme au programme du 27 juillet 1904, à l'usage des Candidats aux Écoles Normale, Polytechnique, Centrale, Navale. 4e édition entièrement refondue. In-8 (23-14) de IV-527 pages, avec 192 figures ; 1921...................................... 32 fr.

APPELL (P.), Membre de l'Institut, et **(J.) CHAPPUIS**, Professeur à l'École Centrale. — **Leçons de Mécanique élémentaire**, *à l'usage des classes de Mathématiques A et B*. 4e édition entièrement refondue. In-8 couronne de X-416 pages, avec 176 figures ; 1923...... 12 fr.

APPELL (P.), Membre de l'Institut, Recteur de l'Université de Paris. — **Éléments d'Analyse mathématique** *à l'usage des candidats au certificat de mathématiques générales, des Ingénieurs et des Physiciens*. Cours professé à l'École centrale des Arts et Manufactures. 4e édition entièrement refondue. In-8° (25-16) de X-716 pages, avec 220 figures ; 1921.. 65 fr.

APPELL (Paul), Membre de l'Institut, Recteur de l'Université de Paris, et **GOURSAT (Edouard)**, Membre de l'Institut. — **Théorie des fonctions algébriques et de leurs intégrales**. *Étude des fonctions analytiques sur une surface de Riemann*, avec une Préface de CH. HERMITE. In-8 (25-16), avec 91 figures................. (*Sous presse*)

APPELL (Paul), Membre de l'Institut, Recteur de l'Université de Paris, et **LACOUR (Emile)**, Maître de Conférences à l'Université de Nancy. — **Principes de la Théorie des Fonctions elliptiques**, 2e édit. revue et augmentée, avec le concours de R. GARNIER, Professeur à l'Université de Poitiers. Un volume in-8 (25-16) de XIV-504 p. avec fig. ; 1922 50 fr.